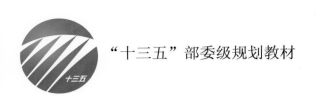

"十三五"部委级规划教材

首 饰 设 计

庄冬冬 编著

中国纺织出版社

内 容 提 要

从百万年前的史前饰品，至现今的当代首饰，人类对首饰的关注无所不在。当一块美玉或一块贵金属经过漫长的历程，从生产使用、巫术礼仪、图腾崇拜和阶级地位的象征中走出来，变成装饰自身和完善自身的艺术品时，首饰作为一门独立的艺术形式就产生了。于是，首饰从原始的崇拜、财富的象征，演变成个性张扬的沟通媒介。

本书以首饰的历史为切入点，将材料与工艺穿插其中，同时结合现今的艺术思潮，全面地剖析了当代首饰设计中构思、设计以及工艺技术之间互为基础且又相辅相成的关系。

图书在版编目（CIP）数据

首饰设计 / 庄冬冬编著． -- 北京：中国纺织出版社，2017.5（2021.4 重印）

"十三五"部委级规划教材

ISBN 978-7-5180-3522-9

Ⅰ．①首…　Ⅱ．①庄…　Ⅲ．①首饰 - 设计 - 高等学校 - 教材　Ⅳ．① TS934.3

中国版本图书馆 CIP 数据核字（2017）第 081870 号

责任编辑：张思思　　特约编辑：何丹丹　　责任校对：武凤余
责任设计：何　建　　责任印制：何　建

中国纺织出版社出版发行
地址：北京市朝阳区百子湾东里A407号楼　邮政编码：100124
销售电话：010—67004422　传真：010—87155801
http://www.c-textilep.com
中国纺织出版社天猫旗舰店
官方微博 http://weibo.com/2119887771
北京华联印刷有限公司印刷　各地新华书店经销
2017年5月第1版　2021年4月第3次印刷
开本：787×1092　1/16　印张：6.25
字数：86千字　定价：45.00元

凡购本书，如有缺页、倒页、脱页，由本社图书营销中心调换

前言

　　自百万年前的史前饰品开始，人类对首饰的关注就融入了人类的集体潜意识之中，并流传至今。

　　首饰作为直接装饰人体的物品，始终伴随着人类审美意识的产生与发展，而首饰真正摆脱财富的象征，成为一种独特的艺术品，却是从20世纪60年代才开始的。现代手工艺运动与后现代艺术思潮作为当代首饰发展的推动力，直接导致了当代首饰在传统首饰上的反思与反叛。当代首饰设计师以其独特的艺术语言向大众展示着自己丰富的想象力、创造性、思想性。

　　当代社会文化的多元化，造就了当代首饰的多元化。对"首饰"概念本身的思考为各种不同风格、形式的首饰艺术提供创作的理论根基。传统的"首饰"概念，已经不能准确地使普通大众充分理解在当代艺术首饰领域所发生的一切。当首饰不再仅仅作为一种依附于"人体"的装饰品，而成为身体与物体关联性研究的媒介。当代艺术首饰作为创作者和佩戴者思想的载体，它不可避免地与美术或其他艺术实践形式在思想或语言上存在重叠，这种重叠深化了首饰的思想性与艺术性。当代首饰摆脱了传统首饰概念中财富、特权等寓意，使得首饰艺术家得以专注于对材料、形式、价值、人与物关系的探寻，这也极大地促进了当代首饰艺术的多元化的形成。作为一个相对独立的艺术门类，首饰艺术不从属于其他艺术形式，其独特的艺术语言和魅力成为这一独特艺术形式存在的不可替代的理由。正是因为人类对于美和自我的关注，才使得首饰这一门佩戴的艺术历经千年而魅力永存。

编著者

2017年1月

教学内容及课时安排

章/课时	课程性质/课时	节	课程内容
第一章（12课时）	基础理论（48课时）		• 首饰艺术的概念与发展
		一	首饰艺术的概念
		二	首饰艺术的发展
第二章（36课时）			• 首饰的材料
		一	常用材料及衍生材料
		二	宝石材料
		三	宝石的象征意义
		四	新材料与新工艺
第三章（144课时）	实践理论（144课时）		• 首饰的金工工艺
		一	金属基础技法
		二	金属的连接
		三	金属成型技法
		四	表面装饰
第四章（16课时）	跨界理论（24课时）		• 当代首饰艺术的人性化设计
		一	当代首饰艺术的社会功能
		二	当代首饰艺术的人性化互动
第五章（8课时）			• 首饰与服装
		一	首饰与服装的融合
		二	首饰与服装的搭配

目录

基础理论——

首饰艺术的概念与发展

课题名称：首饰艺术的概念与发展

课题内容：1．首饰艺术的概念

2．首饰艺术的发展

课题时间：12课时

教学目的：使学生了解首饰艺术的起源，掌握东、西方首饰艺术
在不同时期的发展特征和风格演变。

教学方式：理论讲授、多媒体课件播放

教学要求：1．了解首饰艺术的概念与发展

2．了解首饰发展的地理、社会和人文背景

3．掌握东、西方首饰艺术发展的风格和特点

第一章　首饰艺术的概念与发展

从百万年的史前饰品，至现今的当代首饰，人类对首饰的关注无所不在。当一块美玉或一块贵金属经过漫长的历程，从生产使用、巫术礼仪、图腾崇拜和阶级地位的象征中走出来，变成装饰自身和完善自身的艺术品时，首饰作为一门独立的艺术形式就产生了。于是，首饰从原始的崇拜、财富的象征逐渐演变成张扬个性的媒介。

第一节　首饰艺术的概念

珠宝首饰也许是世界上最古老的艺术，它以物的形式回应了人类对于自我内心世界的诉求。19世纪的奢侈史专家布亚特就曾提出"修饰的本能"的观点。对于首饰一词，中外古书典籍中都常有记载。

"首饰"一词，最早见于《后汉书·舆服志》中"后世圣人……见鸟兽有冠角髯胡之制，遂作冠冕缨蕤，以为首饰。"古人称头为首，所以首饰本指人们头上的饰物。后来随着人类社会的发展及饰物品种的增多，"首饰"的含义不断扩展，逐渐包括有耳饰、项饰、手饰等佩戴在人身上的饰物。

就"Jewellery（首饰）"一词则可以追溯到拉丁语"jocale"，原意为玩物，再经由13世纪法语"joule"逐渐演变而来。

第二节　首饰艺术的发展

一、中国首饰艺术的发展

与许多古老文明一样，中国首饰的产生和发展经历了漫长的历史阶段。原始时期，中华民族的祖先就开始用兽牙、贝壳、骨管、石珠等制作串饰，有项链和手饰等品种。

原始时期首饰主要以葬玉为主，以红山文化、龙山文化、良渚文化中的首饰尤为突出。

1. 红山文化中的首饰

红山文化，是距今五六千年前一个在燕山以北、大凌河与西辽河上游流域活动的部落创造的农业文化。红山文化全面反映了中国北方地区新石器时代的文化特征和内涵。

被誉为红山文化象征的"中华第一龙"——玉猪龙的发现是红山文化遗址的重大发现之一。红山玉猪龙身躯蜷曲呈C字形，龙首阴刻棱形大眼，吻部前伸，前端平齐，颈披长鬣，在额上及颌下饰有阴刻的网格纹。

红山文化的原始宗教在当时已经处于较高的发展阶段，玉猪龙绝不是随意制造出来的一种动物，它应是被神化的灵物，是红山先民崇拜祭祀的对象。龙在中国古代占有重要地位，是中国传统的图腾形象，与中华民族的发展息息相关（图1-1）。

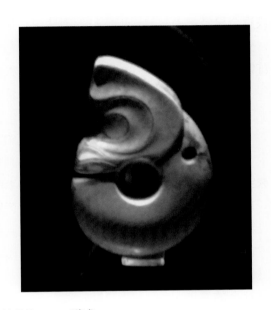

图1-1 红山文化中的首饰——玉猪龙

2. 良渚文化中的首饰

良渚文化是我国长江下游太湖流域新石器时代晚期的一种重要的原始文化，距今5300～4000年，它因在杭州余杭的良渚镇首先发现而命名。制玉业是这个时期的重要手工业，良渚文化也因其玉器的精美而达到了中国史前玉文化的高峰，大型玉礼器的出现揭开了中国礼制社会的序幕。

良渚文化中还有大量的玉项饰、玉手镯出现。而且多数抛光优良、琢磨精致、雕刻细微、构思奇巧，其制作工艺的美妙绝伦，令世人惊叹，因此良渚文化被认为是中国文明发展史上一颗璀璨的明珠而载入史册（图1-2）。

3. 龙山文化中的首饰

龙山文化，距今约4600～4000年。因发现于山东省济南市历城县龙山镇而得名，分布于黄河中下游的山东、河南、山西、陕西等省。这一时期的首饰以各种佩饰为主。

龙山文化中的代表性首饰是龙形、凤形玉佩，其玉质光滑，采用了镂空透雕技法琢成，轮廓清晰，线条刚劲，代表了龙山文化时期高超的琢玉技巧。

图1-2　良渚文化中的首饰——大镂空双面神徽纹四神鸟太阳图腾玉璧

良渚文化是承袭崧泽文化而来，而山东龙山文化又受到了良渚文化的影响。从目前出土的龙山及良渚文化古玉的纹饰上看，刻绘装饰有些相同，但又各具特点。

4. 夏商周时期的首饰

夏商周时期（公元前21世纪～前771年）古代礼治的创建时期，也是对珠宝首饰的利用更加人文化的时期。《周礼》对不同等级的人规定了不同的首饰佩戴方法，对各种礼仪活动中人们所佩首饰都有一定的要求。商周时期的首饰种类主要有笄、梳、冠等发饰；有玦、瑱、珰、环等耳饰；珠状、梅花状、圆盘状的琥珀、绿松石、玉、骨制成的串饰；玉瑗、金臂钏等臂饰以及各类佩饰。周代时人到了成年要举行冠礼、笄礼，古代小孩的头发多为小丫角，称"总角"，成年时在头顶盘髻加笄，用来固定发髻的笄叫作"髻笄"，女子年满十五岁便算成人，可以许嫁，谓之"及笄"。周代男女都用笄，笄的用途除固定发髻外，也用来固定冠帽（图1-3）。商代已经出现了标示阶级差别的冕冠。在周代，分封制的确立，使得首饰等级差异上的区分较为具体化。周人从政治思想和哲学思想上否定了"天命论"，人们开始逐渐意识到自身的重要性，并对头（首）加以重视，冕冠就是这时很重要的首饰（古代冕冠也是一种首饰），冕冠是帝王臣僚参加祭祀典礼时最为尊贵的礼冠，根据它也可以区分人的尊卑贵贱。皇帝冕冠上是12旒，公爵则是9旒，侯是7旒，伯是5旒，子是3旒，男是1旒。如果皇帝用金的发笄，大公则用银，除此之外下面官员依次用玉、铜、铁等材质。这样，从数量和材质上就可以判断一个人官位的大小。

这一时期首饰在纹饰上的一个重要的特点是饕餮纹的大量运用。饕餮纹之所以能历千年而不衰，除去它自身具有纹饰的美化、装饰功能外，其潜在的昭示警戒含义也起了相当大的作用。到了东周，随着社会的发展，艺术品的性质、审美趋向也有了巨大的变化。饕餮纹、夔纹、凤纹等纹饰逐渐被淘汰或被改造，细密的蟠螭纹和飞动自如的流云纹成为最流行的纹饰。

商周时期青铜工艺的繁荣和发展为首饰和金银器的发展奠定了雄厚的物质和技术基础，同时青铜、玉雕、漆器等工艺的发展也促进了金银工艺的发展，并使首饰和金银器得以在更广阔的领域中以更多样的形式发挥其审美功能（图1-4、图1-5）。

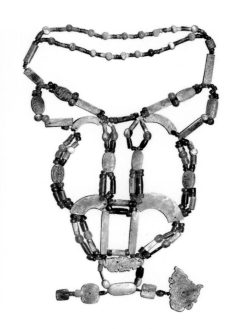

图1-3　商代骨笄　　　　　图1-4　商代三联璜组配　　　　　　　图1-5 商代玉串饰

5. 春秋战国时期的首饰

春秋战国时期（公元前770年～前221年）时局动荡，但这个时期的社会经济、政治制度、文化思想和民族融合却得到了空前的大发展。

各种玉制首饰在这一时期受到高度的重视。儒家认为"玉有五德"，所以统治阶级都有佩玉，玉佩是贵族王孙和百官们的随身饰品，佩有全佩（大佩，也称杂佩）、组佩及礼制以外的装饰性玉佩。全佩由珩、璜、琚、瑀、冲牙等组合。

之后，儒家提出"六器六瑞"的说法，进一步将礼玉系统化、规范化。六瑞为镇圭、桓圭、信圭、躬圭、谷璧、蒲璧，分别为王和公、侯、伯、子、男五等爵所执掌，以代表人物不同的身份等级。

从此，玉佩成为最为流行的饰品，各种龙、凤、虎形的饰品造型优美，镂空技术更加高超，铜镶玉工艺极为流行。各诸侯国根据自己的服装特点佩戴的饰品与少数民族地区独特的装饰风俗交相辉映，呈现出多姿多彩的风貌（图1-6、图1-7）。

6. 秦代的首饰

秦代（公元前221年～前207年）是中国历史上第一个封建王朝，经济的发展、繁荣使首饰被大量制造和使用。这一时期女子戴项链、手镯或手环；男子戴冠，佩剑、玉佩，用

图1-6　战国玉佩

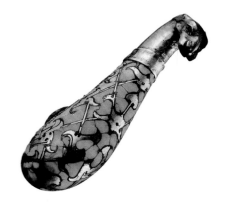

图1-7　战国金镶宝石琵琶形带钩

带钩。等级分明，差别很大。秦朝的首饰和金银器制作已综合使用了铸造、焊接、掐丝、嵌铸、锉磨、抛光、多种机械连接及胶粘等工艺技术，而且达到了很高的水平。

7. 汉代的首饰

汉代（公元前206年～公元220年）是中华民族文化得以确立的时期，首饰的发展也超越前朝，其装饰风格异常瑰丽。这一时期的首饰制作也是盛况空前，广州南越王墓出土的千余件精美玉饰就是一个很好的展示汉代社会风貌的窗口。汉代饰品自由奔放，大胆创新，琢玉工艺更是高超，抛光技术达到很高的水平。汉代创造了玉雕史上著名的"汉八刀"技术，寥寥八刀就能雕出神似的玉猪、玉蝉、瓮仲等，这对后代的玉饰影响很大。中华的玉饰文化也在这一时期发扬光大，并一直延续至今（图1-8、图1-9）。

图1-8　汉代玉猪

图1-9　汉代玉蝉

汉代的首饰和金银器，无论品种还是制作工艺，都远远超过了先秦时代。汉代金银制品，除了继续用包、镶、镀、锉等方法用于装饰铜器和铁器外，还将金银制成金箔或泥屑，用在漆器和丝织物上，以增强富丽感。最为重要的是，汉代金钿工艺本身逐渐发展成熟，最终脱离青铜工艺的传统技术，走向独立发展的道路。汉代金钿工艺的成熟，使金银的形制、纹饰以及色彩更加精巧玲珑，富丽多姿，并为以后金银器的发展繁荣奠定了基础。

8. 魏晋南北朝时期的首饰

魏晋南北朝（公元220年～589年）是一个动荡的时期，也是民族融合、文化碰撞的时期。在首饰上也极大程度地反映了"大民族、多民族"的特点，融合了很多异域风情。这一时期妇女的首饰以假髻、簪、钗、步摇为多。其步摇、钿、钗、镊等头饰发展得更加完善。这时期簪的功用与以往有所不同，主要用于支撑头发。簪头的形状极为简单，用金属丝围成一环状或做成"树枝状"，以便于支撑头发。簪没有繁杂的纹饰，具有清秀简约的风格。发饰除一般形式的簪钗以外，还流行一种专供支撑假发的钗子，钗作双股形，一股长，一股短，以方便插戴（图1-10、图1-11）。

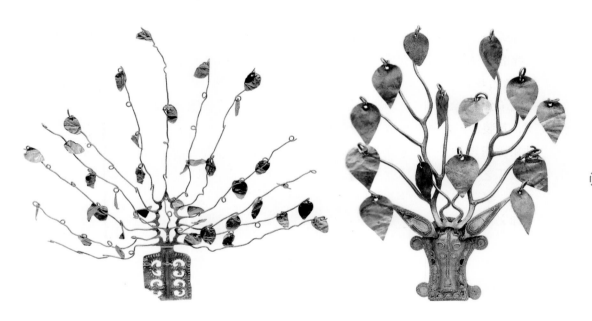

图1-10 晋代金步摇　　　　　　　　　　图1-11 北朝金步摇

魏晋南北朝时期的装饰风格与此前有很大的不同，清秀、简约的风格是这一时期的主流。这一风格的出现与当时的生产技术有一定关系，但宗教的流行、佛教徒们追求的清心寡欲对此也产生了重要的影响。装饰纹样的布置平布、疏朗，形式简单，简洁中透着丰富，有笔不到意到的意境，这就是魏晋南北朝时期的装饰风格。

9. 隋唐五代时期的首饰

隋唐五代时期（公元581年～979年）是中国历史上空前开放的阶段，这一时期的首饰也承袭前朝遗风——融外域的元素，大胆创新，品种十分丰富，造型精美华丽。女子头饰有步摇、钗、簪、梳等，精雕细作，有的加嵌宝石，使发髻更加多姿多彩。颈饰有项圈和璎珞等。手饰有金银条盘缠成很多圈的臂钏，作为爱情信物的指环，可以打开和调节大小的手镯等（图1-12）。

中国古代金银器皿是在唐代及其以后兴盛起来的，而金银器皿又代表了金属工艺的最高水平。唐代金银器纹样丰富多彩，这些纹饰与器形一样，具有强烈的时代特点和风格，透过它们，我们确实可以感知唐代现实生活的五彩缤纷，文化艺术的欣欣向荣。唐代金银器的工艺技术也极其复杂、精细。当时已广泛使用了锤击、浇铸、焊接、切削、抛光、铆、镀、錾刻、镂空等工艺。总之，这一时期的工艺美术取得了多方面的成就，其产品造型多样，色彩绚丽，构图饱满，华丽而清新，是此前任何时代的工艺美术都难以比拟的，可以用"满""全""艳"三个字来形容（图1-13）。

图1-12　唐朝仕女着装图

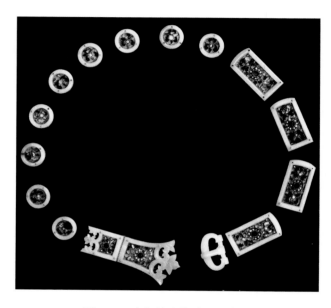

图1-13　唐朝镶金嵌珠宝玉带饰

10. 宋代的首饰

宋代（公元960年～1279年）宋代首饰和金银器在唐代基础上不断创新，形成了具有鲜明时代特色的崭新风貌。虽不及唐代金银器那样丰满富丽，然而却具有典雅秀美的独特风格。这种风格与宋代艺术的总体风格是一致的。有人认为，宋代艺术没有唐代的宏放魄力，但是其民族风格却更为完美。与唐代相比，宋代金银器的造型玲珑奇巧，新颖雅致，多姿多彩。相比之下，唐代金银器皿显得气势博大，而宋代则以轻薄精巧而别具一格。宋代金银器在造型上极为讲究，可谓花式繁多。

这一时期女子发式复杂，挽的髻也多种多样，再插上各种金、玉、珠、翠做成的鸾凤、花枝、簪、钗、梳、篦等，甚为俏丽，命妇们也戴凤冠。男子也留发、梳髻、戴冠巾，戴冠时多插玉、骨、玳瑁、犀角、竹等做成的簪。此外宋代在带饰上也十分讲究，有玉镂空的玉腰带和满是缠枝牡丹的金腰带等。

11. 辽金时期的首饰

辽金时期（公元907年～1234年）的政权被来自北方的契丹族与女真族所控制，故首饰风格带有鲜明的游牧民族特色，饰品以金银为主，琥珀、玛瑙、水晶等大量出现，表现出原野山林自然质朴的装饰风格。饰品多以动物造型为主，项链由琥珀、水晶制成，形制十分别致，腰带上饰以水晶、玉、金银装饰等，精巧生动（图1-14、图1-15）。"春山秋水"玉饰是这一时期的一大特色。它们一般被系挂在腰间，既为装饰也作束带之用。所谓"春水玉"是一种以鹘捉天鹅为主题的玉饰（鹘是一种体积较小的鹰，又称"东海青"），它的典型图案是一只凶猛的雄鹰展翅奋爪擒住鹅首的形象；"秋水玉"则是一种以山林和野兽为主题的造型，典型图案是以山石、树木等为背景的老虎、鹿群、苍鹰、山羊等（图1-16、图1-17）。

图1-14　辽代金耳环

图1-15　辽代金手镯

图1-16　辽金时期春水玉

图1-17　辽代秋水玉

12. 元代的首饰

元代（公元1271年～1368年）是蒙古人统治时期，这一时期的首饰带有强烈的蒙古特色。在玉饰上承袭了辽金时期"春山秋水"的艺术风格，并发扬光大。元代官员的帽顶上镶各种宝石，命妇们则戴罟罟冠，南方妇女戴凤冠及各种花冠，北方妇女则梳包髻，除了传统的首饰，还流行贴额、面花等饰品，具有民族特色。

13. 明代的首饰

明代（公元1368年～1644年）是中华文化继往开来的一个时期，首饰风格上承袭唐宋风格，并有创新。明代除了钗、簪、戒指、手镯、玉佩等常见的几种首饰外，还有以下几个特色。

（1）凤冠造型独特，工艺精巧，达到了前所未有的新高峰（图1-18）。

（2）明代流行一种葫芦形的耳环，以两颗大小不等的玉珠穿挂于一根弯曲成钩状的金丝上，小玉珠在上，大玉珠在下，形似葫芦，其上有金片圆盖，其下再挂一颗金属饰珠（图1-19），至清代这种耳环仍广为流行。此外，明代耳环也用金银模压成型，再在花蕊中央嵌珍珠，在花瓣、花叶上镶宝石。

图1-18　明代凤冠　　　　　　　　　　图1-19　明代葫芦形耳环

（3）金簪运用焊接、掐丝、镶嵌等工艺，将簪头扩大，多为立体造型，构思新颖，款式丰富。其花色品种多，制作也很精美（图1-20）。

图1-20　明代金簪

14. 清代的首饰

　　清代（公元1644年～1911年）首饰与以往有很大不同，而且其品种比以往任何一个朝代都多，在讲究实用性的基础上更讲究装饰性。扁方是满族妇女梳"两把头"时的主要首饰。扁方一般长32～35cm，宽4cm左右。外观呈尺形，一端半圆，一端似卷轴。其质地多样，有金、银、玉、翠、檀香木、珍珠、宝石等。在扁方仅一寸宽的狭面上，能制作出花鸟鱼虫、亭台楼阁、瓜果文字等惟妙惟肖的精美图案。头花也是清宫中主要首饰，大多以珠宝镶嵌而成。如故宫珍藏的红宝石串米珠头花、羽毛点翠嵌珍珠岁寒三友（松、竹、梅）头花、蓝宝石蜻蜓头花、红宝石花迭绵绵头花、金镶丝双龙戏珠头花、金嵌米珠双钱头花等，都以制作精美，形象逼真而著称（图1-21）。

　　清朝贵族很讲究戴项圈，项圈多以金、银制成。其制造工艺也很讲究，有金制以金包玉，在金上镶嵌宝石等方式，有的还在项圈上添加一些丝绦和垂件。从艺术风格上说，明代工艺美术达到了十分精练的程度，具有端庄、敦厚的特点，可以用"简""约"等字来形容。清代工艺美术不乏精品，繁琐复杂是它的基本特征。清代装饰纹样中，吉祥寓意的装饰品较多，表达人们祝福纳祥、趋吉避凶的美好愿望。清代工艺美术还出现两极分化的现象：宫廷工艺不计工本，精雕细琢，追求富丽堂皇、复杂精致的效果；民间工艺则讲究纯朴自然，富有生活气息，贴近民众（图1-22）。

图1-21　清朝点翠头饰

图1-22　清朝妃嫔像

二、西方首饰艺术的发展

尽管人们无法得知首饰起源的具体时间，但有一点却可以肯定："首饰作为原始装饰的一部分，它的起源几乎早于所有的设计形态"。关于首饰的起源，有着许多种说法，比如劳动说、巫术说、审美说、生殖与性吸引说等，但正是这些现象恰恰可以说明，首饰的起源是多元的。

1. 史前文明

史前时期，人们在身上刺花纹或者刺破皮肤系上装饰性的材料，以此来装扮自己。更为常见的是，他们将漂亮的物件吊挂在身上，这些物件或天然而成，或手工打造，它们就是珠宝首饰的雏形。

迄今发现最早的首饰是始于石器时代，距今已有二三百万年。严格来说石器时代的首饰，只是一些动物的牙齿、贝壳、化石、卵石和鱼类的椎骨等。古人在这些东西上钻洞，然后串起来，挂在脖子上（图1-23）。

图1-23 石器时代的兽骨、兽牙贝壳项链

石器时代的首饰除了有美化装饰的作用之外，还被原始社会用作公职的标志或者某些个人成就的证明。例如，脖子上挂一串动物牙齿经常就是一个人威武勇猛的标志。这作为首饰的一个附属功能——象征功能，一直保留至今。

按照约定俗成的定义，首饰必须具有装饰性，且珍贵。直到发现了黄金，并且认识了黄金非凡的物质特性之后，首饰的特点才得到了满足，珠宝首饰的历史才算真正开始。

2. 古代文明

古代苏美尔文化、古希腊、古罗马、古埃及都创造了辉煌的古文明，并创造了各具特色的古代手工艺品，首饰就是其中的一类，从出土文物和文献记载可以看出，首饰在人类文明的早期就已经出现，它们伴随着整个人类的发展过程，并在其中起着重要的作用。

（1）苏美尔文明。目前经由考古得知的最早制作黄金首饰的是苏美尔人。

苏美尔人制作的黄金首饰外形很简单，但它散发出的魅力却是震撼人心的。黄金被反复敲打成为极薄的金箔，用金箔制成树叶花瓣像流苏一样悬挂着。黄金特有的韧性被苏美尔人发挥得淋漓尽致。

苏美尔首饰中一些漂亮的首饰是由天青石、光玉髓和玻璃做成的珠子串成的。在考古挖掘出的种类繁多的苏美尔黄金制品中，有一只用黄金、金银合金和天青石制成的山羊，这是苏美尔人护身符中一种较为典型的形象。一只公山羊蹲在树上休息，山羊几乎有50cm高，它的脸和腿用金箔制成，羊毛、肩膀、眼睛和羊角由天青石制成，山羊的腹部由金银合金制成。这件艺术品证明了苏美尔人的工艺技术达到了非同一般的水平。同时，苏美尔人的首饰为我们提供了有关首饰起源的非常宝贵的知识（图1-24）。

（2）古埃及文明。古代埃及人将苏美尔人发明的许多金属制造工艺技术发展到了极致。从那些古埃及文明的遗物来说，首饰的使用范围相当广泛。古埃及制作首饰的材料多具有仿天然色彩，取其蕴含的象征意义。例如，金象征太阳，而太阳是生命的源泉；银代表月亮，也是制造神像骨骼的材料；天青石好似深蓝色夜空；尼罗河东边沙漠出产的墨绿色碧玉的颜色好似新鲜蔬菜，代表再生；红玉髓及红色碧玉的颜色像血，象征着生命。

古代埃及人在手工艺上达到的最令人咂舌的成就是色彩的组合和运用，而埃及人精湛的镶嵌工艺促成了这一惊人的成就。虽然镶嵌工艺的发明者是苏美尔人，但是古代埃及人才是镶嵌工艺的真正大师。

古埃及人留给后人的一个经典的装饰造型是圣甲虫。带有圣甲虫的饰物是传统的护身符，被视为太阳神的象征。对古埃及人来说，通过形象化的显示神的象征符号，就可以很容易地将首饰和神联系起来，从而达到人与神的交流（图1-25）。

古埃及首饰的种类主要有项饰、耳环、头

图1-24　古苏美尔"公山羊"

图1-25　古埃及图坦卡门胸针

013

冠、手镯、手链、指环、腰带、护身符等，制作精美而复杂，并带有特定含义。耳环分为很多种，有带坠儿和不带坠儿的，有环状和圈状的。当然，除考古中发现的实物外，古埃及雕像、浮雕及图画上人物所佩戴的首饰也以其逼真的刻画向今天的我们展示着这个文明古国在首饰工艺上的辉煌成就。

（3）古希腊文明。《荷马史诗》中多次提到迈锡尼为"多金的"，而在迈锡尼发现的首饰也多是金制首饰，有金冠、金面具、金项链、金戒指、金手镯、金耳环、金制额饰等，其中以金冠的制作最为考究。在首饰中出现了"金银锉"技术，即在铜器上涌金银丝（或片）镶嵌出纹饰或文字，然后用锉石在铜器表面磨锉光平，精妙无双。古希腊文明最主要的贡献是直接用金子铸造人和动物的形象。在公元前3世纪之前希腊首饰很少用宝石，色彩效果多是靠珐琅工艺获得的。在公元前3世纪马其顿国王亚历山大大帝征服希腊后，东方宝石渐渐被用在希腊首饰上。除了金制首饰，还有紫玉和玛瑙串成的项链、琥珀项链、水晶串珠等。

古希腊在首饰艺术上达到了非凡的高度，为西方的珠宝首饰文化奠定了基础。

（4）古罗马文明。古代罗马文明是在汲取埃特鲁里亚和希腊文化成就的基础上发展起来的。古罗马文化是古代地中海地区文明的集成者和希腊、东方文明的传播者，其文化成就对后世的欧洲有深远的影响。

古罗马的金属工艺在古代欧洲工艺美术史中占有重要的地位，特别是银器工艺和青铜工艺，其品种繁多，装饰华美，制作精良，深受世人喜爱。从工艺角度讲，金具有较好的延展性，此时的装饰手法多以在薄薄的金板上捶打制作为主。从公元2世纪至3世纪，逐渐进入后期罗马风格。这是由一种自然主义的描写向新的装饰性的表现转化的过程。除几何纹外，人物表现和空间表现也趋向平面化（图1-26）。

图1-26 古罗马手镯

与金、银器工艺一样，古罗马的玉石工艺也盛行于共和国末期，特别是在帝政时期达到巅峰。饰品的材质丰富多彩，常见的有红玉髓、红缠丝玛瑙、紫水晶等，也有石榴石、绿柱石、黄玉、橄榄石、绿宝石、蓝宝石等。古罗马首饰中最为重要的首饰是戒指。男人和女人手上戴一只或更多的戒指的行为被广泛接受，古罗马人率先将戒指当作订婚或结婚的标志。镶嵌硬币的戒指是整个帝国时代最流行的首饰。硬币戒指也被用来奖励功绩卓著的人。

大量的古罗马首饰同时还具有签名和身份卡的功能。例如，佩戴印章首饰表明是个大人物，一个有重要地位的人物，而非一般的无名鼠辈。古罗马人期盼成为富有的、体格强壮的公民，以赢得人们的尊重，因此就以佩戴首饰作为以个人身份地位的显著标志（图1-27）。

3. 中世纪的首饰

欧洲的中世纪又被称为黑暗时代，这个时期一个重要的特点就是政教合一的教权统治，因为在这约一千年的欧洲封建社会时期，宗教文化极大地制约了人们的思想和审美。因此，从宏观角度来看，否定现实美成了欧洲中世纪艺术精神最显著的特点。在这一千年中，西方文明彻底失去了方向，也许只有首饰才是那个时代的闪光点。

（1）凯尔特人。凯尔特人居住分散，部落之间相距甚远，但令人惊奇的是，凯尔特人的首饰风格却保持了异常的统一。

凯尔特人喜欢样式复杂的首饰，他们的手镯样式几乎就是缩小的项圈。他们的戒指摒弃了其他文化的所有样式，一枚戒指圈仅用简单的凸面花纹或珍珠来修饰。这种基本的图案花纹常常用于所有种类的首饰。虽然凯尔特人的首饰遗留物很少，但是凯尔特人也为世界珠宝首饰做出了重要的贡献（图1-28）。

（2）拜占庭。在拜占庭时期，基督教逐渐崛起，从而深刻地影响了艺术的各个领域，尤其珠宝首饰受到的影响更深。拜占庭时期的首饰一反罗马帝国首饰的简单朴素的风格，首饰的造型和图案极其华丽。宗教信条、宗教神话都是首饰设计的主题。

拜占庭的首饰种类和古罗马时期差不多。船形和悬垂式的耳环一直受到青睐。垂饰是尤其受欢迎的装饰品，拜占庭的许多垂饰的形状是圆形和六边形的，复杂的几何图案中饰以彩陶珠子、珍珠和其他宝石。同时，戒指在拜占庭时期依然流行，依然具有订婚的意义（图1-29）。

（3）13世纪～15世纪。13世纪早期，王室和教会独占着珠宝首饰的享用权。到了13世纪末期，法国颁布了禁止贫民佩戴各类首饰的法律，首饰垄断的状况更为严重。在西欧，珠宝首饰成为了官方特权使用的装饰物。首饰作为权贵的象

图1-27　古罗马印章戒指

图1-28　凯尔特人装饰图案

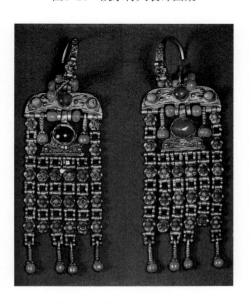

图1-29　拜占庭垂悬式耳环

图1-30　14世纪"奠基者首饰"

征在那个时代完全显现出来。

13世纪和14世纪早期是显贵的王室使用珠宝首饰的黄金时代，尤其是数量极大的各式王冠。此时，所有的珠宝首饰并不是为了日常的装扮，而是用于庆典的重大场合。

14世纪，哥特式的艺术风格逐渐流行起来。"奠基者首饰"以其精致的外观和对称美的特性成为14世纪哥特式首饰中最优秀的典范（图1-30）。

15世纪发明的宝石琢磨技术极大限度地发掘了宝石的内在魅力，同时也给珠宝首饰拓展了全新的空间。

4. 文艺复兴时期的首饰

文艺复兴时期的珠宝首饰除了具有浓重的宗教及社会意义以外，同时又成为服装搭配中必不可少的组成部分，是荣誉和特权的体现，珠宝首饰在这一历史时期的公众生活中扮演着重要的角色。

与中世纪贵族不同，文艺复兴时期的人们是以衣着奢华的穿戴打扮方式来显示并巩固和加强自己的社会地位。此时的皇家宫廷延续着他们的骄奢淫逸。炫耀珠宝成为皇室成员最喜欢做的事情。

文艺复兴时期的珠宝首饰其功能基本与从前一样，不同的是，此时珠宝首饰在生活中扮演的角色有了更清晰的规定。文艺复兴时期的社会依然有着严格等级制度，而且还在不断的制造出新的特权阶层。某些贵重金属和纺织品是禁止低阶层的人和异教徒使用的。另外，不是所有的女人都有权利穿丝绸和使用珍珠饰品，也不是所有的男人都能炫耀自己的金项链。这些贵重物品不只是财富的象征，更是高等阶级持有使用的特权。

在文艺复兴时期，珠宝首饰的价值已经远远超过了它的货币价值，除此之外，它还是一个象征，一个标签（图1-31）。

5. 巴洛克时期的首饰

1600年歌剧诞生，1750年巴赫去世，这150年被称作巴洛克时期。至于"巴洛克（Baroque）"一词的出处则说法不一。一般认为有三种：一是葡萄牙文的"Barroco"和西班牙文的"Barorueco"，意为"变了形的珍珠""不合常规"等；二是中世纪拉丁文的"Baroco"，意为"荒诞的思考""繁缛可笑的神学讨论"等；三是意大利文的"Barocchio"，意为"暧昧可疑的买卖活动"。巴洛克艺术风格原本是指17世纪强调炫耀财富，大量使用贵重材料的建筑风格，也因此影响到当时艺术全面性的变革。巴洛克艺术风格是承袭自文艺复兴末期的矫饰主义，着重表达强烈的感情，强调流动感、戏剧性、夸张性等特点。它虽然承袭矫饰主义，但也淘汰了矫饰主义那些暧昧的、松散的形式。

图1-31　文艺复兴时期项坠

　　由于受到巴洛克艺术风格的影响，其首饰也明显有巴洛克风格的特点。巴洛克时期的首饰主要特点：一是它既有宗教的特色又有享乐主义的色彩；二是它是一种激情的艺术，它打破理性的宁静和谐，具有浓郁的浪漫主义色彩，强调艺术家的丰富想象力；三是它极力强调运动，换句话说，运动与变化可以说是巴洛克艺术的灵魂；四是它很关注作品的空间感和立体感；五是巴洛克艺术强调艺术形式的综合手段，例如在建筑上重视建筑与雕刻、绘画的综合，此外也吸收了文学、戏剧、音乐等领域里的一些因素和联想；六是它有着浓重的宗教色彩，宗教题材在巴洛克艺术中占有主导地位；七是大多数巴洛克的艺术家有远离生活和时代的倾向。

　　6. 洛可可时期的首饰

　　"洛可可"一词源自法国词汇"Rocaille"，意为岩石或贝壳饰物，后来该词指以岩石和蚌壳装饰为特色的艺术风格。这种风格源自1715年法国路易十四过世之后，所产生的一种艺术上的反叛。它的特点是具有纤细、轻巧、华丽和繁缛的装饰性，多以C形、S形和漩涡形的曲线和艳丽浮华的色彩作装饰构成。洛可可艺术风格与巴洛克艺术风格相比最显著的差别就是，洛可可艺术一改巴洛克的奢华之风，更趋向一种精制而幽雅的风格。

　　7. 新艺术运动时期的首饰

　　新艺术主义是19世纪末在欧洲兴起的艺术活动，它的宗旨是复兴手工艺术，创造独具个性的实用艺术品，否定工业革命流水线生产出的缺乏个性的产品。新艺术运动时期的珠宝首饰在造型上充满了对自然的向往，首饰上出现了大量的树叶、扭动的海洋生物、自然卷曲的女性造型、纠缠着的昆虫和爬行动物图案，线条以曲线为主。崇尚放荡不羁、无拘无束、平滑流畅的线条，是这一时期珠宝首饰最大的特点（图1-32、图1-33）。

图1-32 新艺术运动时期的蝴蝶胸针   图1-33 新艺术运动时期的项坠

生活的平静丰裕，新思潮的推动，使首饰从无意识的、不自觉的诉求演变成主动的有意识的需求。

8. 装饰艺术运动时期的首饰

受到立体派影响的装饰运动于20世纪席卷了实用美术的各个领域，装饰运动时期的首饰最基本的图形是几何形，在思想与形式上对新艺术运动思潮进行了批判：反对古典主义、自然主义，主张机械之美。在首饰设计中更多地去关注材料的表现和在整个首饰构图中达到的效果，这些看似机械感的首饰的出现也预示着人们已经接受了大机器时代的造型形态。自由的思维以及文化与艺术的渗透，使首饰成为一种艺术的载体。对于"人"本身的关注，使首饰成为与生活本质相同的创造。

思考题

1. 简述中国首饰艺术发展的特征。

2. 简述西方首饰艺术发展的特征。

3. 试论东、西方首饰艺术发展的异同点。

基础理论——

首饰的材料

> **课题名称：** 首饰的材料
>
> **课题内容：** 1. 常用材料及衍生材料
>
> 　　　　　　 2. 宝石材料
>
> 　　　　　　 3. 宝石的象征意义
>
> 　　　　　　 4. 新材料与新工艺
>
> **课题时间：** 36课时
>
> **教学目的：** 使学生了解首饰艺术中的材料元素，并掌握其中蕴含的象征意义，结合时代特征，阐述新材料与新工艺在首饰艺术中的运用和表达。
>
> **教学方式：** 理论讲授、多媒体课件播放
>
> **教学要求：** 1. 了解常用首饰材料及宝石特质
>
> 　　　　　　 2. 了解新材料与新工艺在当代首饰中的运用和艺术表达

第二章　首饰的材料

首饰经过上千年的发展、演变和传承，得以以一种灿烂的形式呈现在我们眼前。材料作为一种承载作者艺术灵魂的载体，始终是不可或缺的。

传统首饰材料以贵金属和宝玉石为代表，主要突出首饰的品位和价值。珠宝作为首饰材料的绝对主流有其必然的经济原因和审美原因。一方面，贵金属材料和珠宝都具有极高的保值和收藏的功能；另一方面，佩戴贵金属首饰是身份象征和审美的双重需求。

第一节　常用材料及衍生材料

黄金、铂金和银是在制作首饰中最为常用的材料。即通常所说的贵金属。

一、黄金

在人类文明史上，黄金占有极重要的地位。一个国家经济状况的好坏，从某种角度来说与本国黄金的储备量息息相关，并直接影响本国货币价值的升降。

黄金属于惰性金属，化学性质不活跃，不容易和其他金属掺杂，不易氧化，也不宜和人体发生刺激反应，且具有极好的延展性，所以受到全世界各民族人民的喜爱。黄金在自然界中常出产于金银矿、铜金矿、钯金矿业，以自然金的形态存在（图2-1）。

图2-1　黄金矿块

黄金的熔点为1064.43度，纯金的硬度较低，容易受到磨损而失去光泽。另外，理论上没有100%纯度的黄金，多多少少都含有一些杂质。在国际上用K的数目大小来表示含金量，即K金。按合金的含量分为24K，每K为4.166%。具体分为24K金、22K金、18K金、14K金、12K金、9K金。其中18K金，为含金量75%、含银量14%、含铜量11%，硬韧适中，延展性较为理想，适宜镶嵌各种珠宝玉石，18K金是目前首饰制造业使用最多的品种。近年来随着科技的发展在K金中注入钴原子使黄金产生了美丽的蓝色、红色、绿色、黑色等颜色，拓展了金饰品在色彩上的单一面貌的现状。黄金主要分布在南非、俄罗斯、美国、巴西、加拿大等国家。在中国，黄金主要分布在山东、黑龙江和陕甘川等地区。

二、铂金

铂系第Ⅷ组元素，元素符号为Pt，原子序数为78。铂金色泽纯洁高雅，光泽度好，光亮而含蓄，在许多国家佩戴铂金饰物是一种优雅高贵知性的象征。铂族金属包括：钯、锇、钌、铑、铱等，通常叫作铂金家族。铂是自然界中稀有的元素，价值比黄金昂贵。铂金的熔点为1772度，比黄金和白银都高，它的化学稳定性好，密度大，硬度高，硬韧度适中，是镶嵌宝石的最佳材料，由于铂金具有优良的性质，现在许多高档首饰中都用它作为主要材料，特别是在镶嵌一些贵重宝石方面。铂金的资源非常稀少，主要出产于南非、俄罗斯和加拿大，中国的铂金资源很少（图2-2）。

图2-2　铂矿块

三、银

银的元素符号为Ag，原子序列数为47。在自然界以自然银或金银矿产出，纯银是一种白色金属，中国古代认为白银是女儿身，故多用它做首饰，深受人们喜爱。银的化学性质不及黄金和铂金稳定，容易氧化，但是不会和人体发生过多的反应，大部分人都可以佩戴。白银有极强的杀菌能力和验毒能力，延展性好，仅次于金。银也有高纯度银和普通银之分，在中国民间大多数银饰为普通银制成，纯银饰品较少（图2-3）。

图2-3　银矿块

四、铜

铜的元素符号为Cu，原子序列数为29。有类似于黄金的光泽，熔点为1083度，化学性质不稳定，容易被氧化，硬度为3～4，延展性好。在古代铜被很早提炼出来，人们用它做首饰。现在铜一般用作彩色K金的配料。铜资源丰富，分布于五大洲，其中智利、美国、俄罗斯、加拿大等国产量最大。

第二节　宝石材料

说到精美的首饰，离不开色彩绚丽的宝石。从矿物学上说，宝石是指那些色彩瑰丽、光彩夺目、坚硬耐久且产量稀少的单晶体矿物。例如：钻石、红宝石、绿宝石、蓝宝石等。半宝石是指由多晶质矿物或非晶质矿物组成，其颜色、质地、光泽和透明度均达到工艺要求的矿物，例如玛瑙、欧泊、水晶、玉石（软玉和硬玉）等，还有一种有机宝石，例如珍珠、珊瑚、琥珀等。

作为宝石应具备以下几个条件：一是美观，这是构成宝石的重要条件；二是颜色、光泽、透明度和纯净度等构成了宝石的魅力外表；三是耐久，宝石的美丽应该能够保持恒久稳定，有较高的硬度和较强的抗腐蚀性，以及化学性质稳定；四是稀少，这是决定宝石价值极为重要的条件；五是无害，宝玉石是经常与身体发生关系的物品，应该对人身体绝对无害，不应含有对人体有害的放射成分。

一、钻石

钻石又称金刚石，它由纯碳元素构成，硬度为10，是已知的天然宝石中硬度等级最高的矿石，其绝对硬度是刚玉的140倍。钻石具有很高的透明度和极强的折射光，但钻石的韧性不如刚玉和软玉与硬玉，重击时易碎。"4C"是英国人制定的衡量钻石的标准，它是指重量、颜色、净度、切工。国际上为钻石的纯净度制定了严格的准则：LC级是内部无瑕，VVS级是极微瑕，VS级是一极微瑕，SI是一级小瑕，P1～P3是肉眼可见的瑕疵。钻石一般是纯净无色的，也有彩色的钻石。彩色钻石的价格是白色钻石的1～5倍，根据其色彩的稀有程度从高到低依次排列为：红色、绿色、玫瑰色、蓝色和黄色。钻石于2000多年前发现于印度，现在钻石主要出产于南非、澳大利亚、俄罗斯、纳米比亚、扎伊尔等国家（图2-4、图2-5）。

图2-4　钻石原石

图2-5　刻面钻石

二、红宝石

天然红宝石又叫刚玉，主要由三氧化二铝构成，天然刚玉因含有铬离子而呈现红色，随着铬离子含量的增高红色越来越深，较深的鲜红色红宝石是最贵重的。在红宝石的红色中，以"鸽血"的红最为珍贵，它仅产于缅甸，其价值和声誉与钻石齐名。红宝石的硬度为9，它的光泽范围从强玻璃光泽到丝绢光泽，透明度受含杂质程度的影响，通常为透明或微透明，天然的红宝石中一般都含有一些混入的矿物晶体，我们称之为包裹体。缅甸、斯里兰卡、泰国北部、越南和柬埔寨都出产红宝石（图2-6、图2-7）。

图2-6　红宝石原石

三、蓝宝石

天然蓝宝石也叫刚玉，其蓝色是因氧化钛和氧化铁而呈现，其硬度为9，仅次于钻石，蓝宝石与红宝石生成的环境一样。所以它的物理特性也是一样的。蓝宝石以透明度高的蓝色和紫蓝色最为珍贵，其中以"翠鸟兰"最为难得。世界上品质最好的蓝宝石出产于斯里兰卡，此外中国山东、缅甸、克什米尔、美国和泰国也都出产蓝宝石。

图2-7　刻面红宝石

四、绿宝石

天然绿宝石是由地下深处制造铬的碱性岩石碰撞而成，铬元素将它们生成了纯正的绿色。还有些因铁元素的侵入生成了略带黄色或褐色的绿色，含铁量越少则绿色越鲜艳。绿宝石的硬度为7.5～8，不及红宝石与蓝宝石，韧性也差，切磨镶嵌时易碎，光泽度范围为玻璃光泽至油脂光泽。绿宝石中以祖母绿为最高档的宝石，碧玺和橄榄石次之。绿宝石的价值比红蓝宝石的价值都高，而能产生猫眼效果的祖母绿最为珍贵，是珠宝商人的最爱，仅出产于哥伦比亚。哥伦比亚的绿宝石产量占世界产量的90%，俄罗斯、巴西、印度、赞比亚和坦桑尼亚等也出产绿宝石。

五、珍珠

天然珍珠是一种有机宝石，它是有机生物与无机物的结合体，无机物的成分主要以碳酸钙、碳酸镁为主，有机物成分包括珍珠贝（蚌）类外套膜部分分泌的壳角蛋白和各种有机物。珍珠表面的面貌受贝、蚌自身的生理状态、生理年龄、分泌物性质以及它生存的生态环境的影响。珍珠以形状滚圆、质地细腻、光泽度好的为高档品。珍珠以它的出产地来分，有东方珍珠、南洋珠、日本珠、塔希堤珠、太湖珠和合浦珠等，其中以塔希堤珠光泽好、有金属感，颜色黑中伴绿，最为名贵，它产于赤道附近波利尼西亚境内。南洋珠以其形状圆、颗粒大、光泽强成为珍珠中的名贵产品，它产于南海一带，包括澳大利亚、缅甸和菲律宾。产于波斯湾的东方珍珠也以历史悠久、品质精良而闻名。中国的太湖珠是淡水珍珠中的名品，它形状圆润柔和、光泽明艳动人。合浦是中国海水珍珠的主要产地。

六、玉石

从古至今，中国人一直对玉石情有独钟。我们所说的"玉"，实际上包括两大类：一类是以岫岩老玉与和田玉为代表的闪石玉；一类是以缅甸翡翠为代表的辉石玉。

天然翡翠是辉石类矿物和少量闪石、长石类矿物组成的集合体，以辉石类矿物为主。翡翠的硬度为6.5 ~ 7，又称"硬玉"，它通常为半透明或不透明，有玻璃至油脂的光泽，色彩上以绿色最多，还有紫色、黄色、白色、黑色、红色、无色等。翡翠的透明度（也称"种"），对它的质量影响较大，翡翠以质地通透、颜色鲜艳的绿色为最佳，而且价值昂贵。紫色翡翠因为其稀有，也十分珍贵。还有在一块玉料上同时出现绿、红、紫三色价值更是极为昂贵。宝石级的翡翠主要分布在缅甸北部。翡翠的颜色、透明度、结构、净度、裂隙、切工都是评价翡翠的标准（图2-8、图2-9）。

图2-8 翡翠原石

图2-9 翡翠手镯

　　天然和田玉是由闪石矿物组中的透闪石为主要成分的多矿物集合体。和田玉的硬度为6～6.5，色泽为半透明到不透明，有玻璃到油脂的光泽，色彩上有白色、青白、黄、绿、黑等。和田玉中常含有黑色磁铁矿的包裹体，产出状态分山料、籽料和山流水，经过河流冲刷产出的质地细密、光洁度高的仔料为和田玉精品，软玉以新疆和田出的羊脂白、梨花白、雪花白、象牙白等为高档玉石，其中以块度不大、晶莹细润的羊脂白为最佳，其色白如凝脂，温润光滑，极为名贵。黄色系列的和田玉因其稀少也比较珍贵，其中栗色黄和蜜蜡黄的珍贵程度不在羊脂白玉之下。中国人对软玉的应用可以追溯到新石器时期，在考古挖掘中出土了大量的玉制品就是证明。在中国古代和现代，软玉制品多以青白玉和青玉为主。软玉在世界许多地方都有出产，如俄罗斯、加拿大等，但以中国新疆和田地区出产的和田玉最为著名（图2-10）。

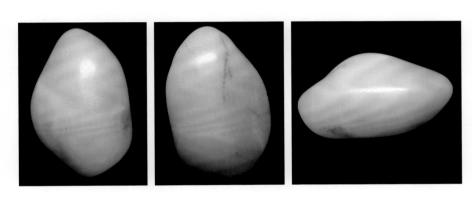

图2-10　和田玉籽料

第三节　宝石的象征意义

　　世界上许多民族认为宝石有神秘的超自然能量，并且每一种宝石都有自己的品格与特性。几大宗教更是从诞生之日起，就将宝石作为其精神准则的主要象征写入了经书。世界上每个民族都有自己所钟爱的宝石种类，并为其赋予了许多人文内涵（图2-11）。

一、钻石

　　在公元1世纪，钻石因其坚硬璀璨的特性被看作是财富的象征，因而备受尊崇。钻石是完美之石，人们甚至认为它可以驱散焦虑、赶走幽灵，能治愈身体和心灵的疾病。因此受到全世界各民族的喜爱。

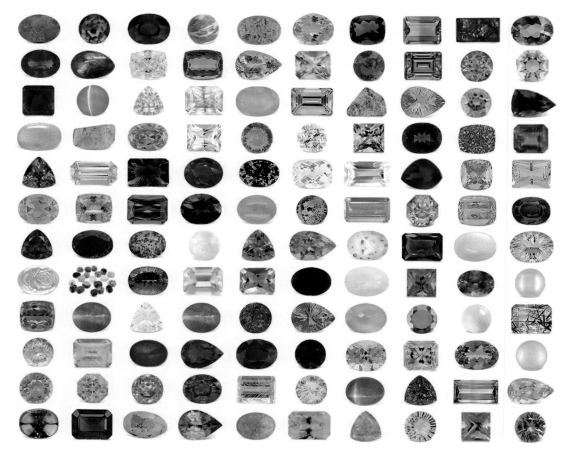

图2-11　120颗常见宝石刻面标本

二、红宝石

　　红宝石象征着火焰，有勇敢仁慈的寓意，印度人把它称为"宝石之王"钟爱有加，并把它与美好的爱情联系在一起，认为佩戴它可以祛除疾病、带来好运。在伊斯兰教的传统里，红宝石有着神奇的力量，可以预示凶兆。此外在欧洲，红宝石是至高无上的权力象征，国王王冠的前额位置上都镶着一颗红宝石，它象征着君主为国家和人民效力的职责。

三、蓝宝石

　　蓝宝石象征着永生和贞洁，是人类精神的化身。埃及人和罗马人把它推崇为正义和真理之石。天主教把它作为上帝光芒的最高象征，每一个天主教主教的手上都戴着一枚蓝宝石戒指，以此纪念万能的上帝。

四、绿宝石

　　绿宝石象征着季节和万物复苏，被视为生命的象征，在埃及、中美洲和欧洲人们认为它可以带来幸福美好的爱情、舒适安逸的家庭。在水手和渔民眼中，绿宝石是最贵的吉祥之物，能驱走暴风雨。但是在中世纪信奉基督教的人看来，绿宝石是来自地狱的鬼怪，充满妖气，有不吉祥的寓意。

五、珍珠

　　珍珠从石器时代就受到人们的广泛喜爱，它象征着一切美好的事物。在欧洲，它是消除灾难、驱邪逐鬼的神物，能给人带来一生的健康富贵。在中国，它是荣华富贵的象征。

六、玉石

　　在中国玉石是非常特殊的宝石，人们不仅用它设计出了无数精美绝伦的玉饰和玉器，还衍生出了一种举世无双的崇尚玉的观念和意识。在中国，以玉音玉貌比喻人音容的美好；以玉男玉女比喻人的纯洁；以玉佩玉饰表达人的尊贵；以玉比德，将玉德作为人格道德建树的最高标准，并由此演化为一种独具民族精神和品质的文化传统。

第四节　新材料与新工艺

　　进入新世纪后，人们对于首饰材料的选择变得更加个性化和私密化。当代的首饰艺术家和设计师不再强调使用贵金属和珠宝玉石，而是着眼于作品的需要来选择材料，艺术家和设计师对材料的掌握与驾驭也变得越来越得心应手，材料运用已经转化成一种独特的设计词汇。首饰艺术家荷尔弗里德·考德雷说过这样一句话——"我之所以会使用这种材料（像是金银、钢、黄铜这样的金属，或者是石头、矿物甚至是玻璃），是因为这种材料对于表现我的思想是最合适不过的"，就很好地表达了这样的观点。

一、木材质

　　木材因其颜色、纹理、色调丰富美观，从而具备了良好的视觉心理特性，同时又因其重量轻、易加工等特点，备受当代首饰艺术家和设计师的青睐。

　　不同颜色的木材会使人产生不同的感觉。明度高的木材，使人感到明快、华丽、整洁、高雅和舒畅的感觉，明度低的木材则给人以深沉、稳重、素雅之感。

　　木质的温暖感与其色调之间具有很强的相关性。材色中属暖色调的红、黄、橙黄系能给人以温暖感，色彩饱和度高的木材会给人以华丽、刺激之感，而色彩饱和度值低则会给人以素雅、质朴和沉静的感觉。

木纹理是由一些平行但间距不等的线条构成，给人以流畅、井然、轻松、自如的感觉，而且木纹图案又受生长量、年代、气候、立地条件等因素的影响，这种蕴藏在周期中变化的图案，充分体现了变化与统一的造型规律，赋予了木材以华丽、优美、自然、亲切等视觉心理感觉。

木材纹理呈现较低且适度的反差，非但不会产生"平庸"的视觉感，还会呈现文雅、清秀的视觉感，对于反差大的，则有华丽的视觉感。木材的生长年轮宽度和颜色深浅呈现出"涨落"的变化形式，这种"涨落"式的分布，赋予木材表面以豪华、瑰丽、美、自然的视觉感。

木材质在具备视觉特征的同时，还具有极强的触觉特征。木材的触觉特性与木材的组织构造，特别是表面组织构造的表现方式密切相关。不同树种的木材，其触觉特性也不相同。

用手触摸材料表面时，界面间温度的变化会刺激人的感觉器官，使人感到温暖或冰冷。人对材料表面的冷暖感觉主要由材料的导热系数的大小决定。若木材导热系数适中，符合人类活动的需要，会给人以温暖的触觉感受。

二、纸材质

造纸的纤维多是从树木植物中提取的，所以纸材质可以被视为木材质的延伸物。纸材质在兼具了木材质的温暖触感之外，还具有其独特的人工特征。

在造纸的过程中，纤维会沿顺着造纸机械的运行方向排列，而纤维排列和交织的情况，会直接影响纸张表面的触感。首饰艺术家和设计师通常会因为纸材质的特殊触感和其易于折叠的特点，选择其作为作品的材料载体。例如，意大利米兰于2009年举办了由"米兰理工大学"珠宝首饰设计系阿尔巴·卡佩列里教授主持的，代表着世界各地最完整的以边缘文化为主角的，专用纸张设计制作首饰的国际廉价珠宝——纸首饰展。参展的有60名设计师，分别来自澳大利亚、奥地利、芬兰、意大利、英国、德国和比利时等。他们将纸张通过折叠、刺绣、编织、打褶和缝制，结合使用海绵、穿孔纸、再生纸、胶水、水漆等材料，创作出难以想象的工艺和形状，展示着纸首饰的艺术价值。

纸首饰除材料本身带来的新体验外，纸张独有的色彩张力也是纸首饰拥有朴素之美的重要因素之一。尽管色依附于形而存在，但较之形，却常常具有先声夺人的效能。当人们回忆旧时某个场景时，印象最深的往往是色彩。当人们远眺某物时，最先感受的往往也是色彩。在首饰设计中，形与色作为两种不同的视觉信息都很重要，但色在感知层面也常优先于形。在设计和解决色彩的过程中纸具有很大的优势，其在用色方面的灵活性是其他材料不可取代的，不同质感和加工方法的纸张会使同样的颜色出现不同的显色效果，色彩表达丰富而有层次，增加了首饰设计的实验性。在纸首饰展览中，达尼埃莱·帕昔利（Daniele Papuli）的纸首饰用色沉稳冷艳（图2-12），阿根廷首饰设计师安娜·哈戈皮安

（Ana Hagopian）带来的纸首饰造型灵感来自大自然，用色饱满而富有层次。她采用人工染色再生纸，让朴素的纸首饰呈现出不逊于黄金白银的高贵气质。安娜的纸首饰色彩鲜艳，让人联想起跳夏威夷草裙舞的姑娘身上的配饰，灵动优美（图2-13）。设计师们用纸张独特的色彩语言传达着自己的个性和首饰设计的理念，其可随意着色的优越性是诸多设计师热衷于此的重要原因。

图2-12　Daniele Papuli作品

图2-13　Ana Hagopian作品

三、纤维材质

在人类文明纵横交错、川流不息的历史长河中，没有任何一种文化创造的模式比纤维更具生命力，因而它始终没有离开人类生存、生活、生产的主流。纤维是与人类生活最密切相关的材料之一，大致可以分为天然动物、植物纤维（丝、毛、棉、麻）与人工合成纤维两大类。而所谓的纤维艺术，就是艺术家利用这些与人类最具亲和力的材料，以编织、环结、缠绕、缝缀等制作手段来塑造平面、立体和空间装置形象的一种艺术形式。

纤维材料质地柔软，色彩丰富，容易从视觉上引起人们的情感共鸣，因而纤维作品拥有丰富的表现力和独特的艺术语言，它可以达到笔墨、油彩无法达到的效果。纤维艺术既有传统工艺美术的属性，也有现代艺术设计的特征，同时还兼容绘画、雕塑等纯艺术的特质，具有丰富的审美功能和使用功能。

在首饰制作中，纤维材料的确有不少优势，如皮肤对其的感知能力、其对时尚的适应力、消费者对其的承受力等。不同于纤维材料，金属材料虽然光泽持久、硬度高，但在制作过程中需要消耗较多的人力、物力。随着时尚洪流波波袭来，金属材料很难迅速应对。不需考虑贵金属材料是否能在消费者承受范围之内，廉价金属是否能保证敏感皮肤的安全性。因为对于首饰设计的快餐时尚，这些缺点都是纤维材料可以弥补的。

四、人工材质

树脂、亚克力这些人工材料以其易于成型，便于形变等特征给予了艺术家和设计师充分的创作空间，首饰艺术家和设计师可以借助这些人工材料更好地将自己的创作理念付诸实践。

　　水晶树脂是一种专用透明的、水白色的低黏度不饱和聚酯树脂。它的特点是透明性好，放热峰低，与专用促进剂共用浇铸，可获得近似玻璃的透明性。正因为具有这些特点，水晶树脂常常被首饰艺术家和设计师作为优秀的人工材质来使用。德国设计师Marcel Dunger的设计就是采用破碎的枫木与有色生物树脂相结合，每一款饰品都有独特的纹理特征。两种不同材质的碰撞和融合，使作品呈现出别具一格的美感（图2-14）。

图2-14　Marcel Dunger作品

　　"亚克力"是一个音译外来词，英文是Acrylic，它是一种化学材料。化学名称叫做"PMMA"，属丙烯醇类，俗称"经过特殊处理的有机玻璃"，一般情况下亚克力多以颗粒、板材、管材等形式出现。普通亚克力板可以在温度约为100℃的情况下热变形，并可采用专用染料使其变色，正是这些特征，使亚克力这种人工材质也进入了首饰艺术家和设计师的创作视野。

五、陶瓷材质

　　中国是一个陶瓷大国，亦是瓷器的创生之地，早在东汉时期已步入陶与瓷并举的时代。在上千年的历程中，中国人以独有的文化和传统艺术创造出无数精美和令全世界惊叹的瓷器。因而，陶瓷已成为"中国"的代名词。但在很长一段时间，人们的意识似乎只停留在陶瓷器皿上，很少有人将陶瓷与首饰联系在一起。近年来，陶瓷首饰以一种靓丽、个性的姿态出现在人们的视野中。

"陶瓷首饰"的理念是法国一位叫做贝尔纳多（Bernardaud）的著名瓷艺师提出的。在他的陶瓷店面临困境，瓷制品销量下滑的情况下，贝尔纳多提出了扩展瓷制品种类的想法——制造陶瓷首饰。世界上首位陶瓷首饰设计者是德国的克劳斯·戴姆布朗斯基教授。自1972年起，他就在任教的院校从事陶瓷首饰的创作和设计。另外著名的陶瓷首饰设计师还有德国的皮埃尔·卡丁和巴巴拉·戈泰夫。现在，法国、德国、韩国、日本等国都有了属于自己的陶瓷首饰。

陶瓷首饰是指以陶瓷材料为主体材料，与金属等材料结合制成的，起装饰人体及其相关环境的装饰品，它具有新颖独特的风格，或凭造型出奇，或借釉色取胜，或在装饰上展现新姿，创造了一种意蕴隽秀的艺术形象。五彩缤纷的颜色釉装饰，使饰品色彩瑰丽多姿。经过高温处理的陶瓷首饰滤去了这个时代的浮躁和喧闹，给人一种贴心的安慰和灵魂的净化。

陶瓷首饰发源于法国中南部城市利摩日，设计简单优雅的陶瓷首饰在法国一经面世就引起了极大的轰动，受到众多顾客追捧。最初的陶瓷首饰多指陶瓷戒指，时至今日，陶瓷吊坠、手镯和耳环等饰品已经成为非常受欢迎的商品，陶瓷首饰市场一片繁荣。此时，有的设计师开始尝试将陶瓷与贵金属等材质相结合，制造出了在瓷器上髹（xiū音，像漆一样在表面刷一层）、上22K金，再经由烧制处理而成的陶瓷首饰，此类陶瓷首饰的外观暗哑中带有光泽，典雅高贵。德国在19世纪70年代就有了专业的陶瓷首饰设计师。在亚洲的韩国和日本，陶瓷首饰已经很常见，或典雅、可爱，或粗犷、个性的陶瓷首饰越来越受到人们的喜爱。陶瓷首饰已成为一个新的首饰方向和学科。

现代的陶瓷首饰造型设计有独立的视觉艺术语言，具有自成体系的造型方法和特殊的表现形式。由于陶瓷材料的特殊性，陶瓷首饰的造型主要是面和体块的设计。陶瓷首饰佩戴在身上像是流动的雕塑。造型各异的陶瓷首饰在一定程度上也会彰显出人的不同审美与个性。陶瓷首饰也成为了一个新兴的首饰方向。

材料因素在首饰设计中是首要考虑的因素，这不仅体现在材料的成型特性、材质肌理以及表面处理工艺上，还表现在材料的涵义特征方面。在首饰设计创作过程中要积极、主动地考虑材料因素，而不是在作品完成后才可有可无地增加一些"材料效果"。在构思阶段，就要根据创作的意图恰当地选择材料。不仅要把材料当作一种艺术表现的媒介，更要把材料当作一种语言、一种符号。材料是整体艺术造型不可或缺的部分。

思考题

1. 列举首饰艺术中的常用材料及宝石材料。
2. 列举常用宝石材料的象征意义。
3. 试论宝石的象征意义对首饰设计的影响。
4. 简述艺术首饰中的新材料与新工艺。

实践理论——

首饰的金工工艺

```
课题名称：首饰的金工工艺
课题内容：1．金属基础技法
          2．金属的连接
          3．金属成型技法
          4．表面装饰
课题时间：144课时
教学目的：通过实践，使学生了解首饰的金工工艺的工艺细节与
          注意事项。
教学方式：理论讲授、多媒体课件播放、教学演示
教学要求：1．了解首饰金工工艺的技法
          2．掌握基础的首饰金工工艺
```

第三章　首饰的金工工艺

首饰的金工工艺是首饰创作的基本技能，同时也是将首饰的设计由二维空间向三维立体转化的有效手段。即使在技术发展多元化的当代，首饰的金工工艺仍是开启首饰设计大门的一把钥匙。

第一节　金属基础技法

一、测量

测量贯穿于首饰设计和制作的始终。从最初的设计、取料到之后的整个制作过程中，都会用到测量工具，以检查作品是否与预设尺寸相符，以便在制作过程中适时地调整修改。由于制作材料的多样性，测量工具也有多种样式。

1. 钢尺

钢尺作为最常使用的测量工具，除了配合其他测量工具（如分规）用以测量长度、距离，还可用来检查金属表面或边缘是否平直。

2. 分规

使用分规时，需先借助钢尺取得所需的尺寸，再绘制在金属上（图3-1、图3-2）。

分规除可画圆和弧线外，还可将固定的长度分成等份的几段，或是以边线为基准绘制平行线（图3-3）。

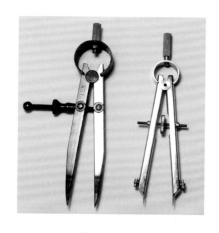

图3-1　分规

图3-2　分规取尺寸

图3-3　分规绘图

3. 游标卡尺

作为使用范围最为广泛的游标卡尺，可直接测量材料的长度、厚度、深度以及内外径，是金工制作中不可缺少的测量工具（图3-4）。

游标卡尺由尺身及能在尺身上滑动的游标组成，尺身和游标尺上面都有刻度，在量爪并拢时，尺身和游标的零刻度线应对齐。测量时，右手拿住尺身，大拇指移动游标，左手拿待测外径（或内径）的物体，使待测物位于外测量爪之间，当与量爪紧紧相贴时，即可读数。读数时首先以游标零刻度线为准，在尺身上读取毫米整数，即以毫米为单位的整数部分。然后看游标上第几条刻度线与尺身的刻度线对齐，如第6条刻度线与尺身刻度线对齐，则小数部分即为0.6mm。若没有正好对齐的线，则取最接近对齐的线读数。

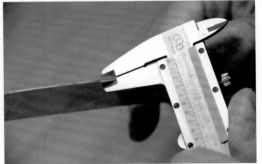

二、裁剪、裁切

裁剪、裁切是将金属片和金属丝做成预定尺寸的基本手段。因金属片和金属丝的厚薄尺寸不一，所以裁剪、裁切的工具也就有

图3-4　游标卡尺测量

了各种不同形式和尺寸。一般来说，尺寸越大的裁刀可剪的金属越厚。但若厚度超过2mm时，就很难以手工方式裁剪了。

1. 裁板机

裁板机（又称大型脚踏式裁刀），只能裁直线，裁出的线条干净利落，金属板不会变形。

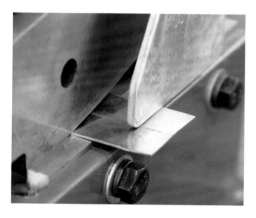

图3-5　桌上型裁刀

2. 桌上型裁刀

架装于台面上的手动裁刀，用于裁剪较厚重的金属板材，可剪直线与微弧的线，但容易造成金属板的变形（图3-5）。

3. 手钢剪

手钢剪根据金属板的厚度又分为多种尺寸样式，能剪直线与弧线变化较多的线，但容易造成金属板的变形（图3-6）。

4. 剪钳

主要用于金属丝的裁剪、裁切（图3-7）。

图3-6　手钢剪

图3-7　剪钳

三、锯切

使用锯弓首先是上锯条，需牢记的是：锯齿的方向是朝外且向下的。

然后先将锯条固定于锯弓的一端，将锯弓压在桌上，使弓部略弯，再将锯条的另一端上紧，锯条装配完成后，锯条应是紧绷且带有弹性的（图3-8）。若装配得过紧，锯条容易弯曲或折断；若装配得过松，则容易造成锯条扭转而无法控制其锯削的精准性。

在锯削金属原料时，应用拇指紧靠锯条作为引导，使之能够沿画好的线锯金属。锯的

图3-8　锯弓上锯条

时候，应保持锯条与材料的垂直且不可强
拉，否则就会折损锯条。锯条之所以会折
断，多半是因为勉强扭转、弯曲所致。因
此在制作中如需中途改变锯的方向，需在
将转向的地方反复锯削并慢慢将锯齿转至
预定的方向（图3-9）。锯削时在锯条上涂
少许蜡，既可省力又可起到保护锯条的作
用。同时应特别注意的是，仅使用锯条的
某一部分是不正确的，应利用整个锯条进
行锯削。

　　镂空是锯削最常见的表现形式。在镂
空之前要先将所要镂刻的图形画于金属
上，在画好的图形上用钻头打出一个或
几个孔，孔洞的大小只要锯条可以通过即
可，把画好的图形面向上摆好，将锯条的
一端上紧，另一端从孔洞中穿过，再将锯
弓的弓部压至略弯，此时再将锯条的另一
端上紧，即可开始工作。

　　在使用锯弓锯削时要留有余量，最好
把画在金属片上的线留下来，以便在进行
后面的打磨等工作时，不至于将原定的尺
寸弄小。

　　锯条折断的原因如下：

　　（1）锯条使用过久，因锯削摩擦而变薄。

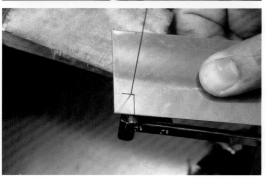

图3-9　锯弓锯削

（2）没有将金属固定在台木上，而让其在锉削过程中晃动并将锯条折断。

（3）在锯削过程中用力过猛、过快。

（4）在改变锯削方向时，过快的转变锯削的方向。

（5）近锯削过程的终点，在金属即将分开的时候，若力量控制不当，也会造成锯条折断。

四、锉削

锉是金工工艺中绝不可少的工具。使用其削修金属等材料，使材料合乎设计要求的过程看似简单，其实是颇为困难且重要的工作。

锉刀是钢材经淬火处理而成，看似坚硬，事实上却很脆，容易折断，因此在使用时应避免大的磕碰而发生断裂。

图3-10　锉削

锉的断面的形状，常见的大致有圆形、半圆形、方形、平面形、三角形和竹叶形。由于其形状不同，用途也就有了差异。如平面形的锉刀就在削修平面时使用。在修整戒指内侧时，常常会用到半圆形的锉刀。

按锉的粗细来分，大致有粗、中、细三种规格。粗锉用以削修大形。细锉是在最后修饰时使用的，可以使完成的作品更加光滑细致。

锉削就是借由锉刀去除作品表面的瑕疵，修整外沿，从而得到正确的造型。在锉削时，用手或钳子固定作品，使其不致移动，把锉往前推出。使用粗锉可将多余部分快速去掉，然后用中锉将粗锉留下的较深的锉痕去除干净，最后可用细锉将各部分锉得光滑。在锉削的时候应向前平稳用力，回程时稍微提起锉刀，以避免摩擦。应特别注意的是，另一只固定作品的手应尽量稳固，以保证锉削的质量（图3-10）。

若要锉削圆形物体，应以一只手拿锉，沿圆形物体画圆弧般用力向前推出，另一只拿物体的手则往自己的方向转动物体即可。在锉的过程中，要不时轻磕锉刀或用刷子刷去锉刀上的锉屑，以免锉屑粘住锉齿，影响锉削的效果。

在用锉刀锉削贵重金属时，要仔细回收锉掉的贵金属碎屑，可用刷子将锉刀上黏着的金属粉末扫清并收集起来。待收集到一定量的时候可将其熔化，再度成为所需的金属原料。

锉削时，由粗到细的工序一步也不可少，以保证锉痕的细小，这样打磨起来才不会留下痕迹，同时也为最后的抛光打下良好的基础。

五、打磨、抛光

1. 打磨

作品锉削完成后还会留有许多锉痕，这时就需要用砂纸打磨。打磨的过程与锉削的方式一致，都需依次按由粗向细的顺序进行打磨，直至用肉眼看不到明显的锉痕和砂纸的擦痕为止。这样最后的抛光才能又省时又光亮。

打磨操作方法可分为手工和机器操作两种方式。

（1）手工操作。将砂纸固定于光滑平整的板材上（可用厚度10mm的木板或铝板），以胶带固定后进行打磨。此种木条多为长方形，长度略大于砂纸，以便于把握。当然也可根据需要选择不同形状的木条。木条的使用方法与锉刀相同，在打磨的时候应向前平稳用力。以弧形或不规则形打磨时，用一只手拿推木，沿弧形或不规则形画圆弧般用力往前推出，另一只拿物体的手则往自己的方向转动物体即可，且依次更换较细的砂纸，以达到所需效果（图3-11）。

（2）机器操作。吊机打磨的主要工具就是砂纸棒。先取一段约6cm长的金属棒，将一端缠好胶带（缠的方向与吊机旋转的方向一致），再将砂纸裁成宽约5cm的长条状，并绕着金属棒上的胶带紧紧卷成圆筒状。要注意：吊机旋转方向为逆时针转向时，卷砂纸的方向则需为顺时针方向（如果方向弄错，将导致砂纸与金属摩擦时被撕裂），用胶带将筒状砂纸的下方固定好即可。

若需打磨一些细小缝隙，还可将砂纸置于吊机上进行打磨。首先将带孔的钢针夹在

图3-11　砂纸工具

吊机头上，然后把砂纸剪成细长的三角形，并把三角形砂纸的一端穿入钢针孔中，转动吊机即可将砂纸紧裹在钢针上。在裹砂纸时应注意吊机的转动方向，切不可将其装反。一定要注意的是：在用吊机打磨时，用力不可太大，应顺应吊机的力量，否则会将钢针折断发生危险。

2. **抛光**

抛光是作品制作中一项重要的工作。一般来说经过打磨后的作品即可进行抛光。从抛光效果上来分，大致可将抛光分为粗抛和细抛两种。

滚筒式抛光机和磁性抛光机是利用金属球或金属针刷磨对作品进行快速抛光，由此产生类似刷光处理的光泽（图3-12）。将清洗剂和清水加入抛光机的容器中，定好时间即可清洗，待抛光完成后将作品取出，用清水洗净，完成抛光。但滚筒式抛光机和磁性抛光机不能用于镶有宝石的作品，否则会损坏宝石。

布轮抛光机多用于对作品进行精细的抛光，且大量用于已镶有宝石的作品的抛光（图3-13）。经过打磨后的作品用粗抛光蜡将作品先进行粗抛光，尽量抛掉磨痕，之后再用细抛光蜡将作品反复抛光，直至作品上光。在抛光过程中，应平稳而适度地对抛光轮施压，并涂抹适当的抛光蜡，以使抛光轮进行有效的抛光。过度的施压则会使旋转中的抛光轮变形，造成作品迅速被磨损，导致作品本身的造型被破坏。

图3-12 磁性抛光机

图3-13 布轮抛光机

第二节 金属的连接

一、焊接

　　焊接是金工工艺中最为重要的工作。似乎所有的作品都是由多部分组合而成，要连接这些部分就必须将其焊接在一起。焊接就是使用焊药与热源，将相同或不同种类的金属结合在一起的过程。

　　焊接前需先将焊药剪成1cm见方的小块备用，焊接时在金属的结合面上涂少许助焊剂（硼砂），助焊剂的作用在于使焊药更易于流动。新的助焊剂多呈粉末状，所以在使用时可加入少量的水，使之更易于进入所要焊接的缝隙中去，进而达到更好的助熔效果，同时保护焊接口不被氧化。之后把剪好的焊药置于接合部分（焊药的多少取决于接合部分的大小），再用焊枪加热直至焊药熔化。当金属表面呈红色时，焊药会呈现金属光泽，变为液态自然流进要焊接的部位（图3-14）。金属的加热时间不可过长，否则焊药会侵入金属，形成凹陷。

　　同时焊接的好坏也与焊枪的使用正确与否有着直接的关系。正确使用时，其火焰会呈蓝色（焊枪中央的火焰，温度最高），易于完成焊接。

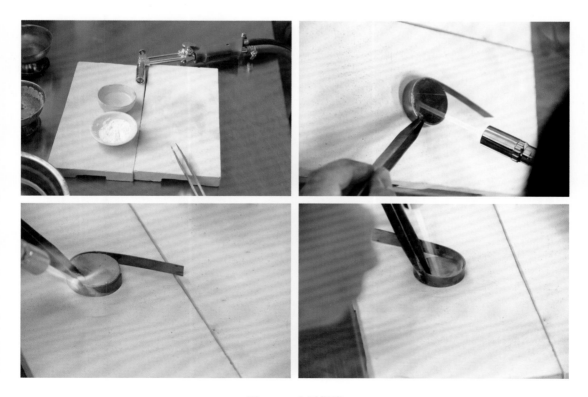

图3-14　金属焊接

　　焊接中经常用到的焊药有银焊药和铜焊药两种。银焊药是指在纯银中按比例加入铜和锌，以加速其熔化。焊药一般分为高焊、中焊、低焊，其熔点依次递减（即高焊>中焊>低焊），高焊常常作为基础焊接通常用于最初的焊接，在焊接中一般多使用中焊，往往在高焊之后使用，而低焊是一种熔点较低且流动性较好的焊药，它多用于高、中焊之后。当然也可根据自己的需要来配制合适的焊药，从而达到更好的焊接效果。铜焊药是铜和锌各占一半的焊药，焊接的方法与银焊药的使用方法相同，不过此种焊药的焊接效果较粗，故不适用于首饰。以铜焊药焊接红铜、黄铜的优点在于其颜色相近，如果接合点非常密合，亦可使用银焊药（表3-1）。

表3-1　银焊药成分参考表

银焊药种类	成分（%）			温度（℃）		颜色
	银	铜	锌	熔点	流动点	
高焊	75	22	3	740.5	787	白
中焊	70	20	10	690.5	737.7	白
低焊	65	20	15	671	718.3	灰白

　　焊不上的原因如下：
　　（1）焊口对接不好，焊缝过大。
　　（2）焊缝未清洁干净，残留有其他污物。
　　（3）焊枪火焰太小致使待焊物本身加热温度不够。
　　（4）焊枪加热温度不够，未达到焊药的熔点。

二、清洗

　　金属在经过焊接后，会氧化变黑，这时就需要清洗才能将其恢复原色。

　　清洗方法一般分为酸洗和白矾洗两种，一般的酸洗液是由水和硫酸混合而成，水和硫酸的比例多为10：1（图3-15）。需特别注意的是，在配制酸洗液时，只能将硫酸慢慢倒入水中并以玻璃棒搅匀使用。绝不可向硫酸中倒水，以免硫酸飞溅，造成灼伤。酸洗的容器多采用有盖子且结实的玻璃碗或瓷

图3-15　酸洗

碗。加热后的酸液可加速其反应，但不可将其加热至沸点，以免产生有毒气体。加热后的物件放置微凉（仍处于高温的发红物件如直接浸入酸液中，将使酸液飞溅，且放出有毒气体），再浸入酸洗液中，并立即盖上盖子，利用金属自身的热度加热酸液。当氧化层被溶解后，应及时取出作品，以免过度浸泡破坏作品。

也可用白矾清洗氧化变黑后的金属。将白矾溶于水后，再在白矾碗中加热就可清洗干净金属（图3-16）。白矾碗最好用不锈钢材质且有支架的碗，以便于加热。但加热时，需注意不要加水过多，以免沸腾飞溅。同时应注意，不可将铁器置于白矾溶液中，否则被清洗的物件会因铁分子的析出而变红。

图3-16　白矾洗

三、冷接

冷接是指不经过焊接或化学处理（例如胶合）的手工或机械力的结合方式。常见的冷接法处理方式有铆钉、螺栓等技法。冷接法常用于一些较难以焊接工艺接合的金属连接上，同样也适用于接合金属与非金属材料，或是使用于具有特殊设计、结构等需求的作品上。

1. 铆接

铆接就是将需铆接的部件分别钻孔，并插入与所开孔洞直径相当的金属线，并将该金属线锤延至可以固定原本分离的部件。首先，以游标卡尺准确测量作为铆钉的金属丝的直径，再选用尺寸相当的钻头精确打孔，并测量出欲铆接的物件的厚度，使作为铆钉的金属丝上下至少各高出需铆接的物件厚度的0.5mm。在备好铆钉之后，就可用锤子将金属丝敲击延展，在正面做好之后，需翻至背面继续敲击延展金属丝，以求得稳固美观的铆接形式。

铆接时的注意事项：

（1）铆接之前，所需铆合的物件应已处理完成。

（2）金属表面越平整越好。

（3）作为铆钉的金属丝必须完全吻合钻头所钻出的孔洞。

（4）如是在非金属材料上使用铆钉，需考虑不同材质所能承受的压力。

2. 螺栓

螺栓结构也常用于连接不同属性和材质的物件。制作螺栓结构时常用到的工具是板牙和丝锥。板牙是攻制出外螺纹（螺丝）的工具。丝锥是攻制出螺丝孔的内螺纹（螺母）的工具。

制作外螺纹时，应先选好合适尺寸的金属丝并配以尺寸相同的板牙，将金属丝的一端锉削一下，以方便板牙进入攻丝，此后将金属丝固定即可使用板牙攻取外丝。

制作内螺纹时，首先需确定好螺丝的尺寸，之后先以小于该尺寸的钻头钻出孔洞，再以该尺寸的丝锥攻钻出内螺纹即可。

第三节　金属成型技法

一、化料

在首饰制作中，由于制作者的需求不同，大家往往会自己来制作一些型材，如板、线、管等。

首饰制作过程中，剪、锉削和打磨下来的金属碎块、锉屑回收后可在坩埚中再度熔化来制作我们所需的型材。需要注意的是：新的由黏土烧制而成的坩埚需在使用前先在其内壁上烧结一层硼砂作为保护层，以免坩埚中的砂粒熔化在金属之中。在硼砂熔化且在坩埚内壁上形成釉层后将金属倒入，用大火将金属熔化，待金属熔至发出金属光亮时，即可将其倒模（图3-17）。

图3-17　金属化料

另外，在倒模之前，应先在铁槽中涂一层油，以免倒模金属粘住铁槽，在金属熔至发出金属光亮的同时，也应将铁槽烧热，这样有助于金属更好地流动，倒出的金属锭的表面会比较光滑且内部不易留有气泡。

二、压片

经过化料后铸成的金属锭要先用重锤锻打其两面，将其压实，这样的金属才可以进压片机进行压延。

在压片过程中，如需板材，就将锻后的金属锭置于平面压滚中；如需线材，就将锻后的金属锭置于方口压滚或半圆压滚之中（图3-18）。在压制板材时，每压一次都应翻转金属锭以保证其平整；在压制线材时，也应相应翻转金属锭以保证线材的均匀。但必须注意的是要经常退火，以保持金属的柔软，以免被压裂。同时还需注意，压制较小的金属锭时，应用木筷夹着金属锭进行翻转，万不可直接用手操作，以免发生危险。

图3-18　金属压片

压片机能够提供足够且平均的压力使金属延展，因此可以借助这一特性，把设计好的图案放置于两片退过火的金属中间，从而将质感和图案转印在金属上。

三、拉丝

金属线材除现有的成品以外，也可以通过线板拉出。线板上都标有尺寸，可以根据需要拉出粗细合适的线材，较为常见的线板的板眼有方形、圆形及半圆形三种（图3-19）。

图3-19　各型号拉丝板

在拉丝时，首先用压片机把金属块压制成粗线材，之后将线材的一端锉细，使其可以通过板眼。将线板在拉丝机上固定好，用拔丝钳夹紧线材从板眼中拔出，待线材从板眼中完全拔出后，再使其穿过更小的板眼，直至拔到所需尺寸（图3-20）。

图3-20　拉丝

退火在拔丝的过程中也是尤为重要的，它可以使线材保持柔软，不至拉断。拉过几次后线材会再度变硬，这时应再次退火，直至完成。在拉制时可在金属丝上涂少许油或蜡，这样有助于拉丝的完成。如果需为较长的金属线退火时，必须将金属线盘在一起，并将头尾捆绑固定，持焊枪绕圈平均加热，如只集中单点加热，金属线会因受热不均收缩移动而弹开，造成危险。

四、软化与硬化

将硬度较大、不易塑形的金属经过退火使其变软的过程称之为软化。金属在成型过程中不断地受外力加工，被加工区域的结构会产生压缩现象，使金属收缩或延展，同时也会使金属越来越硬，如继续加工，则会致金属破裂。软化后的金属变得柔软，加工起来较为容易且不易断裂。在退火时应特别留心金属的颜色变化，原先金属的光泽渐渐消失变红，这时所呈现的红色或粉红色就是金属被软化的颜色，此时若继续加热就会将金属表面熔化，破坏效果（图3-21）。

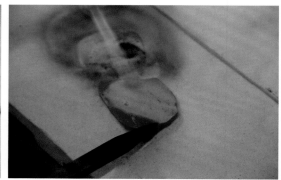

图3-21　金属软化

在作品的制作过程中，对于金属的敲打或打磨都会使金属慢慢变硬，这种现象就是硬化。若想使金属再度弯曲，就需加热退火使金属再次软化，变得易于加工。如此反复直至作品完成的最后阶段。硬化的过程可以使金属产生光泽，并增强其硬度。

五、管的成型

金属管是由一条长方形的金属片卷成的。管壁的厚度就是片的厚度，而管的直径就是片的宽度。

金属片宽度算法：

（1）金属片的宽度 =（管的内径＋金属片厚度）×3.14。

（2）金属片的宽度 =（管的外径－金属片厚度）×3.14。

首先用圆规定出金属片的宽度，锯下并整平其边缘，再将金属片前端剪成或锯成锥形，之后将金属片放在坑铁的凹槽中，用戒棒（也可用其他圆形金属棒，其粗度取决于要做的管的粗度）将金属片敲成弧形（图3-22），以金属片的两边完全合拢为准，并对其进行焊接。如需较细的金属管，可用同样的方法使金属片的两边变弧形，后将其经过线板拉合制成空心管，但板眼只能将管拉细，却不能将管壁拉薄。其拉制方法与拉丝相同，也是由大的板眼向小的板眼拉（图3-23）。应特别注意的是要及时退火，以保证其连贯和韧性。

图3-22　敲制金属片

图3-23　金属拉管

六、球面的成型

球是由两个半球焊接而成的，因此应先从金属片上剪下或锯下两个圆片，且将其修整平滑。之后对剪下或锯下的两个圆片进行退火，使其软化，并将其置于窝錾的最大凹坑处，用铁锤敲打，使圆片凹陷。在开始时，圆片放在与之同样大小的凹坑处，待形成凹陷后，再将圆片置于较小的凹坑处继续敲打，直至敲成半球（图3-24）。应特别注意的是：在敲打时，凹坑的选择应由大到小，以免损伤圆片和窝錾的凹坑。

图3-24　球面成型

待两个半球做好后，将两个半球的断面及高度（球的直径）锉至一致，若两个半球不能完全接合，就需再度放在窝錾上继续敲打、矫正，至吻合为止。之后将两个半球焊接起来，最后用锉刀打磨焊缝处，再以砂纸将整个球打磨至光滑。

七、球及线球的成型

1. 球的成型

将金属边角料置于焊台上，使用强火将金属熔化并形成球状即可。金属的选择应以焊枪能将其熔化为准。如需较圆的金属球，可将金属边角料放在木炭或木头上（可事先将木头浸湿，这样可以减少烟尘的形成），并对其进行强火加热直至熔化，用这种方法做出的实心金属球会相对圆一些（图3-25）。

图3-25　熔制金属球

2．线球的成型

线球的成型就是将金属丝的尖端部分做成球状。具体操作是：用镊子夹住已剪成合适尺寸的金属丝，用焊枪的强火对着金属线的尖端加热，直到熔化。应注意的是，线球的大小应视金属丝的粗细而定，线球在熔到一定程度时会因其重量而脱落，因此细的金属丝不易熔成较大的线球（图3-26）。

图3-26　线球成型

若要求在细的金属丝上有较大的线球，可先将金属在木炭上熔成金属球，再将金属球焊于细丝之上形成线球。

八、环的成型

1．圆环的成型

先将金属丝以大火软化，退火要均匀，绝不可使其溶化。再将金属丝绕于适当大小的圆棒上，缠绕时应尽可能将金属丝彼此绕紧。之后将绕好的金属丝从圆棒上取下并固定好，再将锯条的一端上紧，另一端从绕好的金属丝中穿过，使锯弓的弓部压至略弯，此时再将锯条的另一端上紧，即可将圆环锯下。或者用胶带裹住圆棒上的金属丝，用锯弓锯开胶带和金属丝即可。最后把锯开得到的金属环用两把平口钳将两端掰平后夹拢，之后即可根据作品的需要将焊口焊牢（图3-27）。

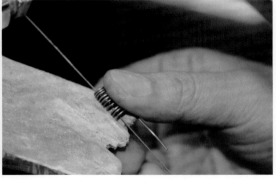

图3-27

图3-27　圆环成型

2. 椭圆环的成型

椭圆环的制作方法略同于圆环的制作方法。首先选好粗细合适的金属丝，对其进行软化，再选取合适的圆棒，之后将退过火的金属丝紧紧绕于圆棒之上，待金属丝绕尽后将其锯开。将锯好的圆环焊接好，然后把焊好的金属环套在圆嘴钳上（最好将焊口放于钳嘴处），张开钳口即可将金属圆环拉伸成椭圆形（图3-28）。

图3-28　椭圆环成型

3. 方环的成型

虽是制作方环，但金属丝的截面仍可以是多种多样的，可以是方的，也可以是圆的。先截取所需长度的金属丝，用分规在金属丝上标明弯曲处，再用锉刀锉出浅槽。特别要注意的是，浅槽的深度应大于金属丝的一半，但不可锉穿。之后再对其进行软化，并用平口钳将金属丝掰成直角，最终将每一个角都焊接牢固即可（图3-29）。

图3-29　方环成型

九、敲錾成型

在已描绘好图案的金属板上，用錾子敲打出凹凸感，并将图案立体化的这种作浮雕的方法就称为錾花工艺。

这种在金属上镌刻图画的錾花工艺最先是受到青铜器铭文的影响。不过，青铜器物上的铭文是采用失蜡法浇铸出来的，而刻铜錾花工艺则是用刀实实在在地在铜器上刻凿出来的。錾花工艺分为阳錾、阴錾、平整、镂空等多种。其兴起于乾隆、嘉庆年间，到了同治时期日趋成熟，晚清至民国年间已步入鼎盛。

在錾花制作之前先将图案拓于金属之上，用錾子在金属表面敲出线形的图案，以确定大的造型，在完成大的轮廓之后，将金属板固定于已烤软的松胶板上，在此过程中应轻压金属板以排除其中的空气，保持金属板与松胶板的紧密贴合。之后用錾子在金属板上进行制作，通过正反两面反复敲击的方法进行造型，形成有凹凸的浮雕效果，这样就可与金属素面形成鲜明的对比，从而进一步增加作品的视觉效果。值得注意的是，在敲击的时候应时常将金属板取下进行退火，使其再度软化后再敲打，直至将其表面敲至完全平滑。

当大致的浮雕效果达到预期后，即可再进行细节敲錾。为确保凸起部分完全布满松胶，需先将松胶加热熔入凸起部分的背面，使整个凹面充满松胶，待凹面中的松胶稍冷后，再与烤软的松胶板贴合。静置冷却后，即可用錾子从正面进行细节的錾刻。

第四节　表面装饰

一、金属镶嵌

1. 包镶的制作

包镶又称包边镶，是指用金属边包住宝石的一种镶嵌方法。此种方法也较为常用。

制作镶口之前，应先用游标卡尺测量宝石的各边，然后选用合适厚度的金属片进行退火，围绕宝石的周边做成一个圆环，此圆环的大小应能与宝石紧密贴合。否则金属边会抓不住宝石，影响其美观。圆环做好后，应以高温焊药进行焊接，并再度矫正圆环的形状。之后就可根据宝石的高度来锉削金属边的高度，通常金属边的高度是宝石高度的三分之一，金属边太高会使镶边不直，太低又无法包住宝石。待镶口上部做好后，再用金属片为其封底，之后再在镶口的封底处锯出一个小于宝石且形状相似的孔洞。此举在于减轻作品重量的同时增加宝石的透光性。在此之后即可将镶口周边的多余金属去掉，待打磨干净后，以平锉锉削镶口的上部使其变薄。此外，还应将镶口上部变薄的部分打磨平整。之后即可将宝石放入，并将镶口已锉薄的部分按压倾斜至抓住宝石。

2. 爪镶的制作

爪镶就是用金属爪抓住宝石进行镶嵌的方法。此种方法较为常用，其最大的优点是抓住宝石的面积很小，可以最大限度地突出宝石本身。其中最为经典的当属"六爪皇冠镶"。

爪镶按爪的数量一般可分为两爪、三爪、四爪和六爪。当然也可根据作品的需要进行爪的增减。

制作镶口之前，应先用游标卡尺测量宝石的各边，然后选用合适厚度的金属片进行退火，围绕宝石的周边做成一个圆环。从宝石的上方应看不到此圆环，否则宝石会晃动，当然也不可太小，否则会抓不住宝石。圆环做好后，以高温焊药进行焊接，并再度矫正圆环的形状。之后就可选择爪的形状并根据宝石的高度来裁剪合适高度的爪，随即将爪依次焊好。焊接爪的时候应特别注意焊接的火候，不可将已焊好的爪烧掉。待所有的爪都焊接完毕，用剪钳剪掉镶口底部多余的部分，并将其打磨平整。此外，还应将镶口的上部修剪平整。此后可把宝石放入镶口中做比较，以便于对焊好的爪进行调整。在镶嵌前应先将爪的高度调制合适（多为宝石高度的四分之一）。爪不可太高，这样会伸出宝石太多，也不可太短，这样宝石较易脱落。宝石镶嵌好后，就要将爪修成需要的形状，待打磨抛光后即可完成。

二、金属腐蚀

蚀刻工艺就是利用腐蚀性溶液腐蚀金属表面，从而形成花纹的方法。

蚀刻前，先以漆或沥青涂在不需腐蚀的部分，之后即可将画好的金属板泡在腐蚀性溶液中，有漆或沥青覆盖的部分在腐蚀性溶液中依然可以保持原状且不被腐蚀，而未涂到的部分将直接受到腐蚀液的腐蚀，从而凹陷下去，形成凹凸的花纹。

用于首饰制作的蚀刻工艺一般分为"开放式"蚀刻和"闭合式"蚀刻。"开放式"蚀刻是将大面积的金属暴露于腐蚀性溶液中，腐蚀出很深的凹陷甚至蚀穿。这种效果多用于在凹陷处填充珐琅或镶嵌其他金属。"闭合式"蚀刻则是将金属表面全部涂上漆或沥青，之后用针刻画出细线组成图案，将画好的金属板泡在酸性溶液中进行腐蚀，这样只有少数的金属被腐蚀掉，从而形成浅浅的图案印痕。

金属腐蚀液配比参考如表3-2所示。

表3-2　金属腐蚀液配比参考

金属	腐蚀液成分	每公斤用量
银	硝酸	500ml
	盐酸	500ml
银	硝酸铁	300g
	水	700ml
银、铜、黄铜	硝酸	250ml
	水	750ml
铜	盐酸	200ml
	过氧化氢（双氧水）	140ml
	水	660ml
铜、黄铜	氯化铁	200g
	水	800ml
铝	氯化铁	200g
	水	800ml
铁、钢	硝酸	150ml
	水	850ml

三、金属着色

金属与不同的化学药品接触会产生不同的颜色变化，使用这种方法可以使金属具有更为多变的颜色。

浸渍法是最为常用的着色方法，具体操作是先将化学药品按比例加水稀释，如有需要可使用加热器加热，之后将清洁后的作品用夹具或线垂挂作品浸入浸渍液中，并观察其颜色变化，可反复浸泡以求得所需效果。完成后，以清水冲洗干净，即可再涂蜡保存。

金属浸渍液配比参考如表3-3所示。

表3-3　金属浸渍液配比参考

金属	色泽	浸渍液成分	浸渍液用量	浸渍条件
银	灰、黑色	硫化钾	10g	40℃~60℃ 浸渍法，数分钟
		水	1000ml	
	深灰色	硫化钾	3g	50℃ 浸渍法，5~10分钟
		碳酸铵	6g	
		水	1000ml	
	紫棕色	氯化铜	50g	50℃~60℃ 浸渍法，数分钟
		水	1000ml	
红铜	红色	硫酸铜	6.25g	煮沸浸渍法 约1小时
		醋酸铜	1.25g	
		氯化钠	2g	
		硝酸钾	1.25g	
		水	1000g	
	棕色	硫酸铜	50g	煮沸浸渍法 约30分钟
		硫酸亚铁	5g	
		硫酸锌	5g	
		高锰酸钾	2.5g	
		水	1000ml	
	黑色	高锰酸钾	5g	煮沸浸渍法 约20分钟
		硫酸铜	50g	
		硫酸铁	5g	
		水	1000ml	
	蓝绿色	硝酸铜	200g	软布擦拭，每天擦拭2次，连续擦拭5天
		氯化钠	200g	
		水	1000ml	
黄铜	红棕色	硫酸铜	25g	煮沸浸渍法 15~20分钟
		水	1000ml	
	黑色	硫代硫酸钠	6.25g	50℃~60℃ 浸渍法，数分钟
		硫酸铁	50g	
		水	1000ml	
	蓝绿色	硝酸铜	200g	每天浸渍2次，每次数秒，连续5天

四、景泰蓝

　　景泰蓝又称"铜胎掐丝珐琅"，始于明代景泰年间，初创时只有蓝色，故称其为景泰蓝。景泰蓝是一种铜瓷结合的艺术。将图案画于紫铜胎上，再用细铜丝在铜胎上根据所画的粘出图案纹样，焊接好后，根据需要用不同色彩的珐琅釉料镶嵌在图案中，最后再经反复烧结，磨光镀金即可完成。景泰蓝的制作既运用了青铜和瓷器工艺，又溶入了传统手工绘画和雕刻技艺，堪称中国传统工艺的集大成者。

其主要制作方法为制胎、掐丝、点蓝(这两项需反复数次)、磨光和镀金。

制胎：将铜片依图纸锤敲打成各种形状的铜胎，然后将其各部位经高温焊接后，便成为铜胎器皿造型。

掐丝：用镊子将细铜丝掐、掰成图案，再蘸上白芨黏附在铜胎上，然后筛上银焊药粉，经700℃~900℃的高温焙烧，将铜丝花纹牢牢地焊接在铜胎上。

点蓝：焊好丝的胎体经酸洗、平活、整丝后便可上釉了。用蓝枪（金属制成的用以填充釉料的小铲）把珐琅填入丝纹空隙中，经过800℃的高温烧熔，将粉状釉料熔化成平整光亮的釉面。如此反复2~3次上釉熔烧，烧至釉面与铜丝相平。

磨光：用粗砂石、细砂石、木炭分三次将凹凸不平的蓝釉磨平，凡不平之处都需经补釉烧熔后反复打磨，最后用木炭、刮刀将没有蓝釉的铜线、底线、口线刮平磨亮。

镀金：将磨平、磨亮的景泰蓝经酸洗、去污、沙亮后，放入镀金液槽中，通电镀金即可完成作品。

五、七宝烧

日本七宝烧以明灿莹润的釉色和精致美妙的图案著称于世，日本人认为这种工艺品非常美丽华贵，恰如佛经中常提到的七种珍宝，故以"七宝"命名。七宝烧是日语中对金属珐琅器的称谓。因其烧制工艺源于中国的景泰蓝，故又有"日本的景泰蓝"之称。

七宝烧的制作过程同景泰蓝相似，即以金属为胎，用金属丝掐成各种图案轮廓，将其焊在金属内胎上，然后再根据图案所需颜色涂点相应的珐琅釉料。其主要制作方法同样与我国的景泰蓝相似，分设计、制胎、描图、制丝、镶丝、填釉和焙烧（这两项需反复数次）、磨光、口足装箍等步骤。珐琅颜色较多，一般来说，单色七宝烧较为少见。不过，也有透明釉七宝烧，即在经过加工的金属胎上涂饰透明珐琅釉，经烘烧后露出胎上的花纹或图案。七宝烧种类很多，一般分为有线、无线、盛上、罩釉、省胎七宝等。与中国景泰蓝纹样装饰习惯相比，日本七宝烧图纹装饰大多在器物正面，主题突出，底子一般不再装饰繁缛的细纹。其实七宝烧并不完全是景泰蓝。七宝烧与景泰蓝的不同处是：景泰蓝是以珐琅质做成，珐琅质是不透明物体，而七宝烧却是透明的釉。

六、花丝

花丝工艺作为一种传统工艺，它的历史悠久，形式多样，内容丰富，特别是其造型十分别致，装饰纹样生动而富于变化，在民族首饰中一枝独秀。据《渤史》记载：1572年在西双版纳车里宣慰刀应猛向缅甸东吁王朝纳贡的贡品中就有镂花银器和金丝等工艺精美的物品。到了明清时代，花丝工艺有了进一步发展，出现了很多优秀作品。

花丝工艺是将金属加工成丝，再经盘曲、掐花、填丝、堆垒等手段制作的细金工艺。根据装饰部位的不同可制成不同纹样的花丝、拱丝、竹节丝、麦穗丝等，制作方法可分掐、填、攒、焊、堆、垒、织、编等。

花丝基础工艺：

（1）掐丝就是将用花丝制成的刻槽，掐制成各种需要的纹样。

（2）填丝是将撮好扎扁的花丝填在设计轮廓内。常用的种类有填拱丝、填花瓣等。

（3）攒焊是将制成的纹样拼在一起，通过焊接组成完整作品的工艺过程。

（4）堆垒是用堆炭灰的方法将码丝在炭灰形上绕匀，垒出各种形状，并用小筛将药粉筛匀、焊好的过程。

（5）织编是将金属丝编织边缘纹样和不同形体的底纹，在底纹上再粘以用各种工艺制成的不同花形的纹样，通过焊接完成。

思考题

1. 结合实践，简述首饰的基础金工工艺。

2. 结合实践，列举首饰工艺中的金属成型技法。

3. 结合实践，列举首饰工艺中的金属表面装饰方法。

当代首饰艺术的人性化设计

课题名称： 当代首饰艺术的人性化设计

课题内容： 1. 当代首饰艺术的社会功能

2. 当代首饰艺术的人性化互动

课题时间： 16课时

教学目的： 使学生了解当代首饰艺术的人性化、人文化倾向，并掌握当代首饰艺术的发展脉络与特征。

教学方式： 理论讲授、多媒体课件播放

教学要求： 1. 了解当代首饰的艺术、文化以及社会背景

2. 了解当代首饰艺术的发展脉络与特征

第四章 当代首饰艺术的人性化设计

在首饰艺术创作中，首饰虽以"物"的形式呈现出来，但在这"物"背后，"人"才是中心性的、本源性的。从这个层面上来说，首饰艺术创作的本质回归到了对人类内心世界的探究，回归到了对人性化的探求。当代首饰不再仅仅是财富的物质化载体，而是思想的载体，更是对于"人"的本源性的思考。

第一节 当代首饰艺术的社会功能

融入人类生活与交往的首饰，因其自身材质、精神的特殊性，自出现之日起就是一种符号，一种象征。首饰具有与时代本质相同的象征性，且始终贯穿于人类的集体潜意识，拥有且佩戴首饰的精神内核，是一种难以消解的象征性情结。展现自己、通过独有的首饰获得别人瞩目的意愿从上古延续至今，集体潜意识又使这种意愿沉淀下来，深积在人类的内心深处，当一块美玉或一块贵金属经过漫长的历程，从生产使用、巫术礼仪、图腾崇拜和阶级地位的象征中走出来，变成装饰自身和完善自身的艺术时，首饰作为一门独立的艺术形式就产生了。

与其他任何一种当代艺术一样，当代首饰也受到当今社会多元化形态的影响，其表现为语言变得空前丰富，并且忠实地反映着当代文化的方方面面。表达自我、装饰自身已成为当代首饰艺术的诉求，它是来自人类内心深处的声音，是人类的精神产物。如同其他艺术形式一样，当代首饰艺术具有审美功能、娱乐功能、心理功能等社会功能。

一、审美功能

审美功能，是指艺术及其具体作品在审美活动中能促进艺术审美主体，获得丰富的美感享受与满足的功效。当代首饰艺术的美是创作者美感体验的升华、外化、凝结的结果，是精神流变的物化过程。当人们在欣赏、佩戴首饰时，艺术美的魅力便产生成为刺激、打动观赏者、佩戴者心灵的作用力，从而显现首饰艺术的审美功能。例如，艺术家René Lalique作为参与20世纪艺术革命的反传统艺术家，他的作品远远超越了小型艺术的手工艺和装饰艺术概念。其珠宝创作的原始灵感来源于大自然，René Lalique将一切能用于装饰的元素，如蝴蝶、蜻蜓等，都糅合进了他的艺术创作。其著名的蜻蜓胸针就体现了他对自然的热爱，其美轮美奂的造型，使此款胸针成为"新艺术风格"首饰的典范（图

4-1）。优秀的当代首饰艺术作品能让观赏者、佩戴者产生极大的审美心理振荡和情感激动，就如同音乐、舞蹈对人的情绪及情感有着巨大的诱发和感染力。一件好的当代首饰艺术作品不但能使人悦目，而且会给人以精神上的满足，使人们更好地认识艺术美，领悟作者在其创作的艺术形象中所要表达的情感。新艺术运动时期的首饰很好地诠释了首饰的审美性，新艺术运动的艺术先驱们强调"师法自然"，崇尚自然热烈而旺盛活力的风格，体现在首饰设计上时，那些蜿蜒流动的线条，鲜活华美的纹彩，使得珠玉宝石获得了奇异的生命力。那些鞭索形的线条，就好像萌芽的枝条在缠绕生长，自然主题回归美之主题，艺术家将平凡的材料塑造成灵性四溢的杰作，鲜活的形象、自然的形态表达着人们渴望回归、向往田园的乌托邦梦想（图4-2）。

图4-1　René Lalique作品

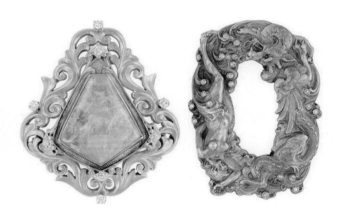

图4-2　新艺术运动时期的作品

二、娱乐功能

娱乐功能是指艺术作品能给予审美主体身心愉悦与休闲的功效。艺术能给人以身心愉悦的满足。《论语·述而》上曾记载："子在齐闻韶，三月不知肉味，曰：不图为乐之至于斯也。"艺术欣赏竟能解忧消愁，开阔胸怀，以至于让孔子把物质享受抛在一边，而"三月不知肉味"。清代画家董棨曾说"我家贫而境苦，唯此腕底风情，陶然自得。内可以乐志，外可以养身，非外境之所可夺也。"当创作者沉浸于艺术天地之时，心灵得到某种慰藉，舒心快意之感便随之而生。对于观赏者、佩戴者而言，当代首饰艺术作品中的情趣是其精神感受的触发点。因此，娱乐是创作者和观赏者共有的情感和精神的宣泄，是一种身心的愉悦，这种愉悦并不一定要使人们发笑。而艺术中的丑、荒诞和悲剧成分带给人们的并非笑料，而是一种高层次的共鸣，一种思想的碰撞和情感的共鸣，这种共鸣同样使人们身心愉悦，显然这也是艺术娱乐功能的重要体现。荷兰艺术家 Felieke van der Leest 创作的动物系列首饰充满童话色彩，诙谐有趣，仿佛一个个小精灵一般激发着我们天真烂漫的情感（图4-3）。

图4-3　Felieke van der Leest作品

意大利的Maria Cristina Bellucci是一位戏剧舞台服装及配饰设计师，她将彩铅笔头收集起来，挑选不一样的色彩组合在一起并切割成戒指、耳环、手环等，这些彩色铅笔首饰造型可爱，色调粉嫩，做工精致，再加上极具特色的创意视角，给人别样的艺术感受（图4-4）。

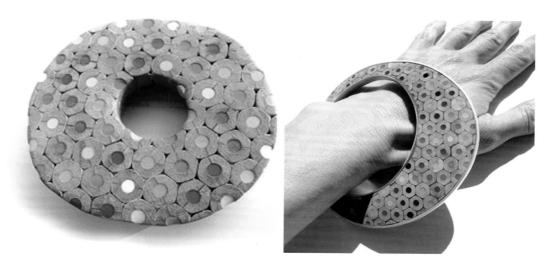

图4-4　Maria Cristina Bellucci作品

三、心理功能

心理功能是指艺术及其作品具有协调、净化审美主体心理的功能。当代首饰创作极大的创意自由度为情感的传递提供了广阔的舞台。有的作品材质奇特，能唤起人们某些情绪的回忆；有的犹如哲人，浓缩着创作者对人生和生活的哲学思考；有的具有叙事性，仿佛在为观赏者讲述着动人的故事。既然是故事叙述，总会期待有人聆听。Gerd Rothmann有意识地将指纹留在了作品表面，深深浅浅的指纹就仿佛是一个个故事，在默默地讲述着那些记忆的片段（图4-5），而荷兰艺术家Ted Noten则用亚克力将"故事"封存，一切情感与思考都被定格在他的首饰作品之中（图4-6）。一件首饰作品从构思、打磨、煅烧到完工，从某种角度来说永远都是残缺的，直到佩戴者或观赏者的出现。当一件首饰作品与陌生肢体联系在一起，再被另一个陌生人关注时，它的意义才完整。当代首饰也因此成为艺术家、佩戴者、观赏者之间物理上的一个媒介，精神上的一个信使。从创作者到佩戴者，从佩戴者到或陌生或熟悉的观赏者，构成了情感传递的纽带。

图4-5　Gerd Rothmann作品

图4-6　Ted Noten作品

第二节　当代首饰艺术的人性化互动

　　首饰艺术发展至今，经历了不同时期的形式变革，这些变革大都与人类科技的进步和审美水平的提高有关。在传统的表现形式上，首饰作品作为单一的媒介，单方向地将价值信息传达给佩戴者和观赏者。然而，这种形式的设计已经无法满足当代大众的审美需求，人们更喜欢思考艺术、设计背后的故事，从而在心灵上与艺术家、设计师产生共鸣。大众的主动性与作品的互动成为其与艺术家、设计师之间更为紧密的沟通方式，于是也就自然产生了作品与佩戴者和观赏者之间的互动性关系。

　　首饰的可佩性特征要求首饰作品本身不应仅仅是在展览馆里被观赏，而应该成为人们生活的一部分，通过大众的佩戴，使作品更为完整、充满活力。人们能够主动地思考和创造性地参与，人与作品建立一种新的关系，使佩戴者和观赏者从中得到一种新的审美体验。这种互动可以是接触式的，也可以是非接触式的。据此，首饰艺术的互动形式大致可以归纳为以下几种：

一、机械式互动

在作品创作之初，作者有意或无意留出一些空间，使人们可以近距离地感受作品，甚至是自由地组合，形成仅属于佩戴者的唯一性作品。首饰作品从原来的固有形式转变成再创造的艺术样式。这种机械式的互动，也是当代首饰艺术与大众发生互动"接触"的开始，是艺术家、设计师将创作的目光投向了大众的标志。机械式的互动不仅仅是一种视觉艺术的开始，更多的是与"人"发生交流，更加人性化的开始。

二、体验式互动

让大众更多地参与到作品中，体验艺术带来的享受与快乐，体会当代首饰艺术的互动内涵是当代首饰创作的要求。

这种体验式的互动形式，多是将佩戴者和观赏者作为创作的一部分，使人成为作品的元素，艺术家、设计师借由人的参与、体验完成了最终的艺术创作，而佩戴者和观赏者也在这种体验式的互动中更深刻地体会到了艺术家、设计师的创作初衷，并由此触发心灵的碰撞与共鸣。出生于新泽西的Jennifer Crupi从首饰专业学校毕业后就对首饰与肢体语言产生了浓厚的兴趣。她的作品颠覆传统，喜欢把人们惯用的"手势"作为"首饰"的一部分。这些有趣的作品可以有不同的使用方式，像有些作品的造型体现了完美的人体工学，可以把手穿插在其中，借此诠释首饰与人体的关系（图4-7）。

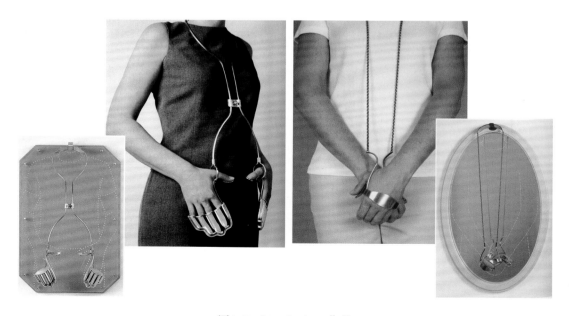

图4-7　Jennifer Crupi作品

三、创作式互动

创作式互动是指由艺术家、设计师设定主题，再由大众创作作品，最终经过艺术家、设计师的再创造形成作品。这种形式的互动，已将大众由佩戴者和观赏者转变成为作品的创造者，成为作品的核心部分，而艺术家、设计师只在其中充当选择者的角色。

这种作品已不再是单纯地线性叙事，而更强调大众的主观能动性和创造性。作品的样式已不再是由艺术家所完全控制，创作权反而掌握在大众手里，在互动的过程中，小众的艺术家变成了大众的佩戴者和观赏者，独享的艺术创作变成了共乐的艺术享受。泰德·诺顿（Ted Noten）以互动式的创造方式设计、制作自己的作品，比如包装和绿箭一模一样的口香糖。口香糖的标示被印成"咀嚼你自己的胸针"。诺顿在口香糖背面清晰地印有示范方式，按步骤访客可以随自己的心情，用自己的牙齿为自己塑造胸针的造型，之后再将由自己或有意或无意创作的作品发还给诺顿，最终浇铸成属于访客，也属于诺顿的胸针（图4-8）。这种创造式的互动将艺术家与佩戴者的思想结合在同一件作品上，比刻意的人工雕琢更具意味。

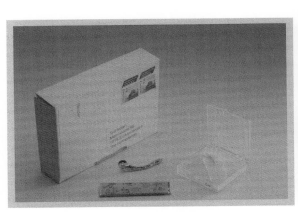

图4-8　Ted Noten作品

思考题

1. 简述当代首饰艺术的社会功能。

2. 简述当代首饰艺术的互动功能。

3. 试论当代首饰艺术的人性化思考。

跨界理论——

首饰与服装

课题名称：首饰与服装

课题内容：1. 首饰与服装的融合

2. 首饰与服装的搭配

课题时间：8课时

教学目的：使学生了解当代首饰艺术多元化的时代背景，同时了解艺术形式间的相互跨界。

教学方式：理论讲授、多媒体课件播放

教学要求：1. 了解当代首饰艺术的时代背景

2. 分析当代首饰与时装间的跨界发展与融合

3. 了解首饰与时装间的搭配关系

第五章　首饰与服装

首饰与服装自产生之日起就有着千丝万缕的联系，早期的首饰与服装的结合更多的是为显示佩戴者的地位、财富和权力。它们是时代的注脚，带有与时代本质相同的象征性，并且始终贯穿于人类的集体潜意识之中。伴随着时代的发展，首饰与服装之间的关系又在悄然地发生改变。

第一节　首饰与服装的融合

当代首饰已不再仅仅作为服装上的装饰物而存在，它已形成了独立的发展趋势，并已获得更多的关注。首饰已成为反映当代人精神需求的物质载体，进而获得前所未有的自由表现空间。当代首饰已逐渐成为一种新的时尚设计主体，与服装相映生辉，两者的相互融合，也促使首饰服装化和服装首饰化现象的出现。

图5-1　Gijs Bakker

海斯·巴克（Gijs Bakker）（图5-1）《衣着建议》系列作品的出现，将首饰与服装元素合为一体，实现了当代首饰艺术的一次成功跨界。白色紧身弹性套装，在膝盖、肘部、臀部、胸部及肩膀部位加入了隆起的竹节元素，配合加硬的涤纶面料，一次前卫而另类的"殿堂级"尝试，成为首饰设计史上一个开创性的起点（图5-2）。如果说服装是人的第二张脸，是身份、品位的体现，那么首饰就是服装的眼睛，它在诉说着佩戴者的心灵故事。当代首饰不再只是一件可有可无的饰物，而是作为一件表现精神诉求、文化品位、体现个性、追求时尚的艺术品，当代首饰已经登上时尚艺术的殿堂，与服装的发展相辅相成，日益成为一种文化、一种观念。

亚历山大·麦昆（Alexander McQueen）是时尚圈不折

图5-2　Gijs Bakker作品

不扣的鬼才，他的设计总是独特出位，充满天马行空的创意，极具戏剧性。它包含了丰富的内容、多变的材质，融合了柔弱与刚强、传统与现代、严谨与变化。他的作品跨越首饰与服装的界限，已无法完全按照传统的首饰与服装的概念对其进行分类，他的作品既可以是服装，又可以是当代首饰。他的作品给当代首饰和服装的设计以及当代生活的审美内容都带来了巨大的影响，并以一种极其独特的形式内容渗透到了高度发达的现代文明中（图5-3）。

图5-3　Alexander McQueen作品

在这个越来越崇尚个性的年代，当代首饰已经成为继服装后的又一个时尚新标杆。首饰与服装之间的融合与跨界，体现了现代人的自我魅力，彰显了时尚品位。首饰与服装两者间的融合与跨界，更好地体现了人类情感及文化内涵的需求，成为一种标志化的身体语言，从而更为充分地体现现代人独特的精神期许。

第二节　首饰与服装的搭配

自人类社会出现以来，人们就在追求"调和统一"的审美趋向，人们将审美价值尺度以人的角度作为标准，制定出一套具体的、可衡量的规则，以此来表现美，而人类美的协调关系就是要平衡局部和整体，服装和首饰的搭配关系也是如此。

在现代着装中，人的整体服饰形象是由服装和首饰（饰品）组成的，首饰是整个形象系统中不可忽视的视觉信息，起着完善和加强整体形象效果的作用。首饰（饰品）与服装一样，在社交、民俗、宗教、礼仪等场合中起着不可替代的作用。如出席重大公众活动、大型晚会，穿着定制礼服，自然要搭配端庄华丽、材料贵重、色彩艳丽的首饰（饰品），以提升和完善服装的整体效果，彰显个人魅力。而在一般的社交场合及宴会上，人们会按自己的喜好选择服装，并搭配首饰（饰品）。不同的认知和对于生活的态度决定了他们的选择，或优雅柔和，或极具个性，抑或夸张另类。有人会选择贵重材料、制作精美的首饰来搭配礼服，也有人会选择新材料、新观念的首饰来搭配时尚、个性和充满现代感的礼服。在这个过程中，人们借由首饰（饰品）与服装的搭配来宣扬自我的个性。而在带有宗教色彩的民俗活动中，传统首饰与传统服装的搭配会显得更加庄重严肃。由此可见，首饰（饰品）与服装的搭配会共同形成统一完整的、充满魅力的个人视觉形象。通过首饰（饰品）与服装的合理搭配，个人的视觉形象会得到艺术化的完善与提升。

首先，首饰与服装搭配时，应特别注意两者间的整体关系。造型简洁的礼服，搭配饱满、艳丽的项链或耳饰，会提升人们的视点，起到调整比例的作用；层次丰富、充满细节的礼服，搭配简洁、明亮的首饰则会体现画龙点睛的独到之处；轮廓鲜明、充满现代感的服装与造型流畅、抽象的首饰相搭配，则会显得相得益彰。

其次，首饰与服装搭配时，应注意两者间的数量关系。一般来说，首饰的数量不宜超过三件，否则会喧宾夺主。同时，在首饰种类的选择上，应尽量选择材质、色彩同类的。例如，一条精致的珍珠项链搭配一套素色的服装，可以起到点缀、提神的作用，此时若搭配钻石手镯、彩色宝石胸针等，会因其材质、色调和光泽不同而显得俗气。

此外，首饰与服装搭配时，应注意两者的色彩搭配关系。因不同场合和礼仪需要，首饰与服装在色彩搭配上还要注意主体形象的协调性，例如出席重大晚会嘉年华的晚礼服，由于活动时间在夜晚，周围环境光线较暗，一般都采用色彩饱和度高、对比强烈、有光泽的面料制作，所以在搭配此类礼服时，可采用光泽度好、色彩鲜艳、造型华丽的首饰（但要考虑晚礼服的整体风格）。而在一般聚会中，礼服造型多趋于现代感，采用不对称设计，轮廓鲜明，造型简洁，因此应搭配现代感强烈的首饰作品，造型可选择抽象简洁、线条流畅的。

首饰在空间中的体量感相对较小，这就需要在色彩方面进行处理才能体现存在感，色彩方面可考虑与服装色彩产生对比。例如黑色的晚礼服，可考虑采用彩度较高的首饰与其搭配。除此之外，首饰的色彩还应与服装的色彩相匹配，在协调中增加少量对比（图5-4）。素色的服装配搭鲜艳、漂亮、多色的首饰，相反，花哨的服装与色彩淡雅的首饰相匹配，若服装有许多花边，首饰就应该简练，以免互相冲突（图5-5）。

另外，首饰与服装搭配时，还要注意人物个性特征。例如身材娇小的女性，适合选择小巧玲珑的首饰，避免选择尺寸较长、造型过度夸张的首饰。而体型丰满的女性，适合选

图5-4　2014秋冬米兰时装周作品

图5-5　2014秋冬巴黎时装T台秀作品

择线条流畅、自然的首饰。同时，佩戴首饰还应该考虑首饰的质地和自己的肤色。皮肤较黑的人佩戴线条较粗、质地为白银的首饰，会显得和谐稳妥。性格沉静的少女佩戴金色的首饰，能使人更觉高洁、文雅。脸上长有雀斑的女性佩戴金首饰最好看，而面容冷峻的女性戴上银首饰就显得温柔妩媚多了。

最后，首饰与服装搭配时，要注意两者在肌理材质方面的协调、对比关系。材料上，应遵循材质对比原则。比如棉质的服饰，由于棉布总是给人以质朴、天然的感觉，所以这类服饰不适宜搭配奢华的首饰，而应该是轻松的、有趣的休闲饰品，比如银质、贝壳、竹木、陶瓷材质的。而皮草的服装则需要大体积、高亮度、造型夸张的首饰与之相配，比如珍珠、宝石或者金饰。例如黄金饰品常与黑色系列的皮草在晚宴中搭配，形成神秘、高贵的风格，体现了女性的冷峻、高贵。

总之，首饰与服装搭配，二者相互作用装饰于人体。以人为主体，首饰与服装的搭配都需要遵循基本的审美形式法则。有个性和品位的首饰与各种不同风格的服装相结合，可以更加凸显出首饰与服装的情感、文化内涵，使之成为一种标志化的身体语言，从而充分体现"人"最为独特的精神气质。

思考题

1．简述首饰与时装间的跨界与融合。

2．列举几位跨界设计师的作品，并简述其特征与突破性。

3．试论当代首饰发展的整体变化与特征。

4．简述首饰与时装搭配的方式及意义。

附录　首饰设计作品欣赏

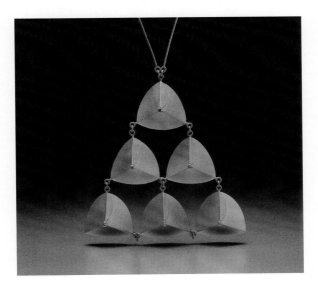

附图1　Seung-Hea Lee　　　无题/2004
6.4cm × 5.1cm × 1.9cm
18K金、钻石

附图2　Leslie Matthews　　　无题/2005
70cm × 40cm × 30cm
银

附图3　Courtney Starrett　　巾/2004
10.2cm × 101.6cm × 10.2cm
银、硅胶

附图4　Chi Yu Fang　　多彩的花边/2005
45cm × 18cm × 18cm
银丝

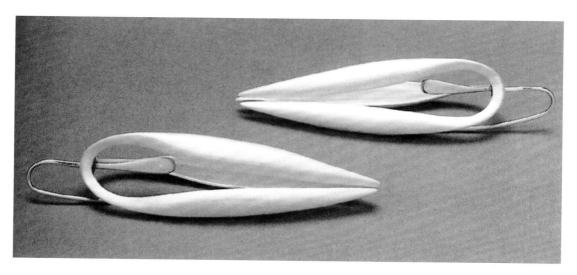

附图5　Suzanne Esser　　天鹅/2003
6.5cm × 1.7cm
银、14K金

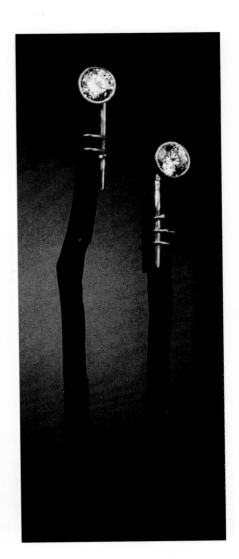

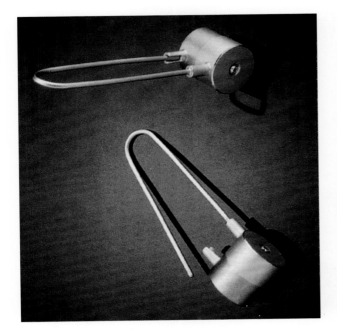

附图6　Geoffrey D. Giles　　耳饰/2005
3.2cm×1cm×0.6cm
18K黄金、18K白金、钻石

附图7　Kari Rinn　　元素/2004
6cm×0.5cm×1.5cm
木、14K金、钻石

附图8　Felieke Van Der Leest　伪装的鹿/2003

12cm×12cm×6cm

橡胶、金、珊瑚、珍珠、织物

附图9　Jane Dodd　兔子胸针/2007

6cm×6.3cm×1.2cm

氧化银、蓝宝石、乌木

附图10　Christoph Freier　巨链/2004
直径2.5m
花岗岩、24K金

附图11　Lily Yung　卵石/2005
25cm×28cm×2cm
塑料

附图12　Mizuko Yamada　　套索/2004
200cm×5.5cm×5.5cm
银

附图13　Dorothy Hogg Mbe　　项链/2005
长度150cm
银、毛毡

附图14　Castello Hansen　　垂饰/2002
12cm×6cm×3cm
银、颜料

附图15　Rebecca Hannon　　卡米诺的圣地亚哥/2004
10cm×600cm×0.3cm
橡胶

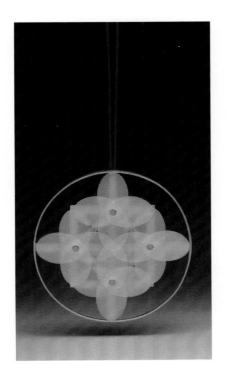

附图16　Christel Van Der Laan　无价的垂饰/2005
6.7cm×0.6cm
18K金、塑料

附图17　Tina Rath　黑色美人/2004
3.5cm×3cm×120cm
木、18K金、貂皮

附图18　Kari Woo　城市的情绪/2004
26cm×18cm×1.5cm
银、月光石、羽毛

附图19　Karin Seufert　无题/2005
21cm×21cm
PVC、线

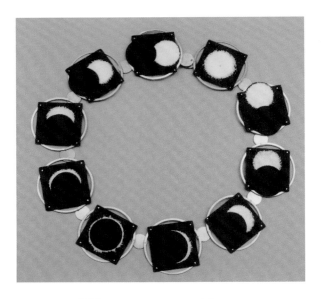

附图20　Jiri Sibor　　　日食/2001
63cm × 63cm
银、感光塑料

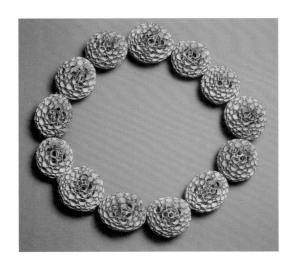

附图21　Anya Pinchuk　　项链/2004
19cm × 19cm × 2.5cm
24K金、银、漆

附图22　Nicole Jacquard　　片段/2002
50cm × 3.5cm
银、珍珠

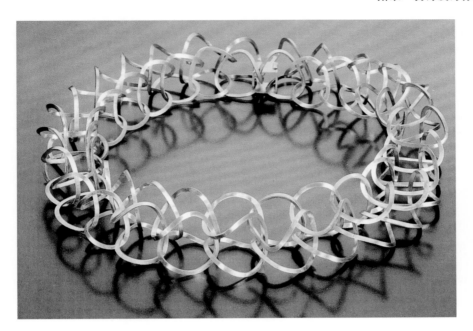

附图23 Marina Massone 空气/2004
3.5cm × 18cm × 18cm
银

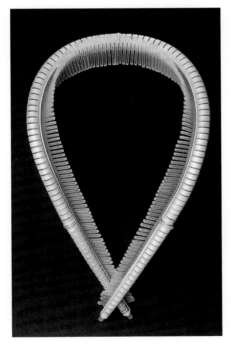

附图24 Vickie Sedman 项饰/2004
36cm × 20cm × 5cm
银、橡胶

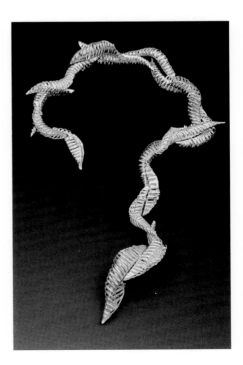

附图25 Chih-Wen Chiu 变形/2003
63.5cm × 5.1cm × 5.1cm
22K金、银

附图26　Julia Lowther　　墨玉心形项链/2008
43cm × 3.5cm × 1.3cm
银、墨玉

附图27　Thomas Herman　　野豌豆胸针/2008
6.4cm × 4.4cm × 0.8cm
18K金、欧泊、蓝玉髓

附图28　Tom Munsteiner　　项链：剪刀/2008
4.6cm × 6.1cm × 1.6cm
帕拉巴电气石、18K金、墨玉

附图29　Bruce Metcalf　　绿叶项链/2003
35.5cm × 30.5cm
枫木、乌木、冬青木、黄铜、24K金

附图30　Jacqueline Ryan　　　无题/2002
2.6cm × 2.6cm × 0.8cm
18K金

附图31　Jacqueline Ryan　　　无题/2000
2.6cm × 2.6cm × 0.9cm
18K金

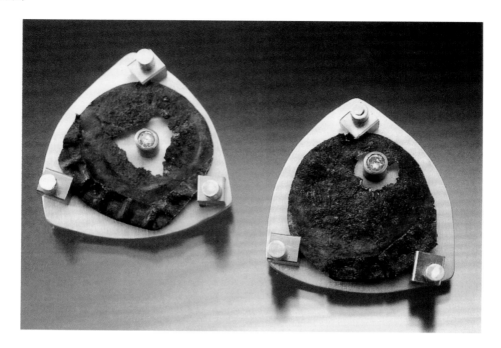

附图32　Shannon Cobb–Tappan　　　无题/2006
3cm × 3cm × 1.8cm
银、18K金、钻石、废瓶盖

附图33　Sakurako Shimizu　　　珠宝系列1号/2005
28cm × 12.5cm × 0.3cm
银、橡胶

附图34　Jacqueline Ryan　　　无题/1996
长度 80cm
18K金、珐琅

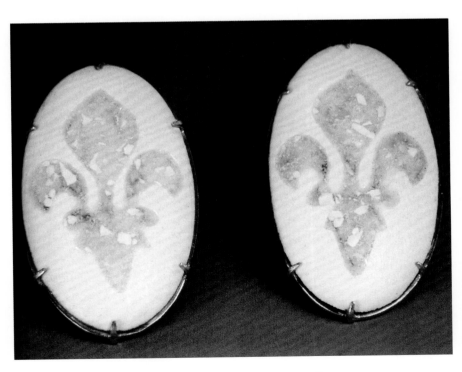

附图35　Johan Van Aswegen　　　耳饰
18K金、珐琅

附图36　Reiko Ishiyama　　　耳饰Ⅰ/2001
7cm×3.2cm×1.9cm
银、18K金

附图37　Noriko Sugawara　　　梦/2004
5cm×0.8cm×0.5cm
24K金、18K金、钻石

附图38　Hyejeong Ko　　　耳饰/2002
2cm×5cm×1cm
银

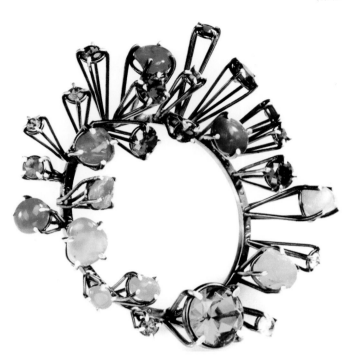

附图39　Joanna Gollberg　　　红与黄胸针/2008
7.6cm × 7.6cm × 3.2cm
氧化银、18K金、半宝石

附图40　Suzan Rezac　　　项链/2007
0.5cm × 48cm × 5.5cm
氧化银、珊瑚、金叶

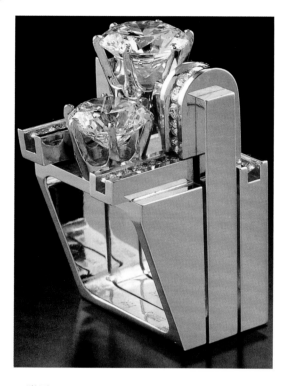

附图41　Robert C.Trisko　游乐园戒指/2005
3.8cm × 1.9cm × 2.5cm
14K金、钻石

附图42　Vikki Kassioras　凯龙星/2004
3cm × 2cm × 1.5cm
18K金、玛瑙

附图43　Ela Cindoruk　双环戒指/2005
3.4cm × 2.4cm × 1.5cm
钛、18K金、电气石

附图44　Wendy Hung　戒指/2007
3.9cm × 3cm × 0.7cm
14K金、钻石、红宝石、蓝宝石

附图45　Vinograd Yasmin　　戒指/2005
4cm×3.5cm×1.2cm
18K金、原石

附图46　Mark Nuell　　无题/2008
4cm×3cm×2cm
22K金、18K金、粉色电气石

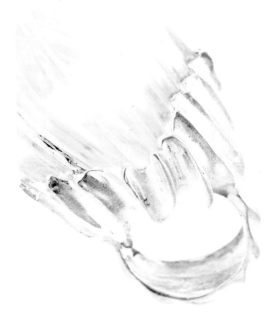

附图47　Karen Wuytens　　熔岩戒指/2007
4cm×1.2cm×2cm
银、火山岩

附图48　Jennifer Yi　　冰之交响/2007
5.5cm×3.5cm×3cm
石英、银

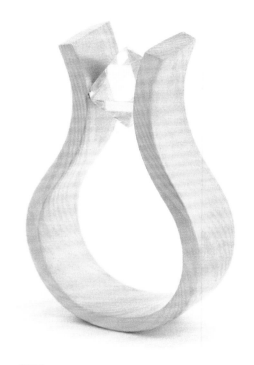

附图49　Katey Brunini　　藤蔓戒指/2006
4cm × 3cm × 1.8cm
银、18K金

附图50　Ezra Satok–Wolman　　漂浮/2008
3cm × 2.2cm × 1cm
18K金、钯金、钻石原石

附图51　Gitte Pielcke　　瓦伦丁戒指/2005
3.8cm × 2.5cm × 1.9cm
18K金、刻面钻石

附图52　Devta Doolan　　三石戒指/2007
2.6cm × 3.1cm × 0.9cm
18K金、钯金、钻石原石

附图53　Da Capo Goldsmiths　　拥抱系列3/2007
　　　　　7.5cm × 3cm × 3cm
　　　　　18K金、红珊瑚、钻石

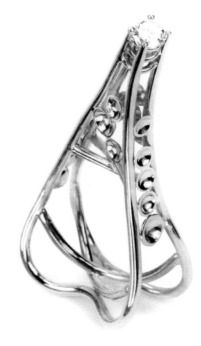

附图54　Hyewon Jang　　爱之塔戒指/2006
　　　　　5.1cm × 2.5cm × 1.3cm
　　　　　14K金、钻石

附图55　April Higashi　　月亮戒指/2008
　　　　　2.2cm × 2.5cm × 2.2cm
　　　　　月光石、22K金、18K金

附图56　Sarah Graham　　珊瑚戒指/2008
　　　　左：2.5cm × 1.5cm　右：1.5cm × 1.5cm
　　　　　18K金、钢、钻石

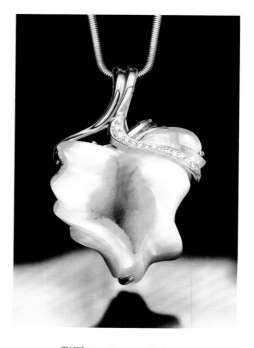

附图57　Christine Hafermalz–Wheeler
玛瑙和蛋白石项链/2008
5.5cm × 6.5cm × 0.5cm
玛瑙、墨西哥蛋白石、18K金、钻石

附图58　Samara Christian
水仙/2007
3cm × 2.6cm × 0.8cm
玛瑙晶洞、14K金、钻石

附图59　Gillian Hillerud　　纸垂饰/2008
3.8cm × 3.8cm × 1cm
银、14K金、纸、珍珠、宝石、线

附图60 Melinda Risk 花园/2008
3.7cm × 1.8cm
22K金、银、玉髓、粉色蓝宝石

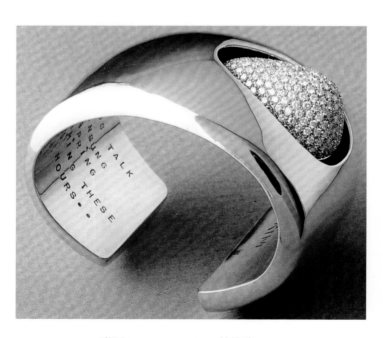

附图61 Kim Rawdin 献给琼/1998
5cm × 6.4cm × 5.7cm
18K金、钻石

附图62　Paula Crevoshay　　梦想海洋/2005
8.3cm×5.1cm×1.6cm
18K金、孔雀石、月光石、钻石、锆石

附图63　Pandora Barthen　　非洲之心/2008
8.6cm×7.6cm
18K金、珐琅、钻石、欧泊、红宝石

附图64　Kim Eric Lilot　　葛饰北斋的礼物/2008
45cm
18K金、珍珠、钻石